高职高专"十四五"规划教材

冶金工业出版社

智能生产线技术及应用

主　编　尹凌鹏　刘俊杰　李雨健

副主编　张新星　祝慧一　方晓汾

扫码输入刮刮卡密码

查看本书数字资源

北　京

冶金工业出版社

2022

内 容 提 要

本书以生产项目、工作任务为单元组织编写，并配套微课等数字资源便于读者学习。全书共 5 个项目，主要包括自动化生产线的基本认识、典型自动化生产线的技能训练、自动化生产线关键技术及应用、智能生产线工作站的安装调试、自动化生产线调试及维护等内容。

本书可作为职业院校机电类专业教材和"自动化生产线安装与调试"学生竞赛的技能培训教材，也可作为电气自动化等相关专业的培训参考书。

图书在版编目（CIP）数据

智能生产线技术及应用/尹凌鹏，刘俊杰，李雨健主编. —北京：冶金工业出版社，2022.6
高职高专"十四五"规划教材
ISBN 978-7-5024-9176-5

Ⅰ.①智… Ⅱ.①尹… ②刘… ③李… Ⅲ.①自动生产线—高等职业教育—教材 Ⅳ.①TP278

中国版本图书馆 CIP 数据核字（2022）第 092199 号

智能生产线技术及应用

出版发行 冶金工业出版社	电 话 （010）64027926
地 址 北京市东城区嵩祝院北巷 39 号	邮 编 100009
网 址 www.mip1953.com	电子信箱 service@ mip1953.com

责任编辑 杜婷婷 美术编辑 彭子赫 版式设计 郑小利
责任校对 梁江凤 责任印制 禹 蕊
三河市双峰印刷装订有限公司印刷
2022 年 6 月第 1 版，2022 年 6 月第 1 次印刷
787mm×1092mm 1/16；12.5 印张；298 千字；187 页
定价 49.00 元

投稿电话 （010）64027932 投稿信箱 tougao@cnmip.com.cn
营销中心电话 （010）64044283
冶金工业出版社天猫旗舰店 yjgycbs.tmall.com
（本书如有印装质量问题，本社营销中心负责退换）

本书编委会

主　编　尹凌鹏　刘俊杰　李雨健
副主编　张新星　祝慧一　方晓汾
参　编　郑丽文　邓玉娟　龚　俊

前　言

世界新科技革命正在改变着传统的生产方式，创造着新型的制造业，自动化生产线正是这场变革中不可忽视的新兴领域。随着智能化技术的不断发展，机电一体化技术集成了越来越多的技术领域成果，涵盖了机器人、微电子、自动控制、计算机、信息、测控、软件编程等，已成为一门不断更新的新型学科，并且随着技术不断进步，不断更新迭代，机电一体化产品也越来越智能化。随着我国人力资源成本的不断升高，社会对机电一体化技术方面的毕业生提出了更高的要求，更加需要熟悉自动化、柔性化、智能化的设计和维护人员。

富兰克林说过："告诉我，我会忘记；教给我，我可能记住；让我参与，我才能学会。"技术领域的教学需要和实践结合，需要在过程中让学生感受看得见、摸得着的技术，形成一定的考核机制，融合思政教学理念，才能完成对当代大学生，特别是当代高职院校学生的综合素质的培养。本书以典型柔性生产线、机器人工作站、机器视觉设备等为实操对象，基于工作过程展开，通过模拟一个个与真实生产相似的机械工业制造过程及自动化生产线技术的实践操作练习，培养学生自动化生产线装配、安装与调试能力。同时结合过程考核，使学生在实践中不断成长，切实提高学生专业技能水平。

本书内容深入浅出，图文并茂，配套微课等数字资源，着重于实践，以提高学生的学习兴趣。本书力求以"教、学、做"一体化的教学模式，以学生为中心、以实践为核心的教学方式开展教学，将学习内容、学习目标分解到每一个任务中，以成果为导向，用阶段性成果来评价教学效果。

本书共5个项目，系统阐述了自动化生产线实训设备的安装与调试，结合机器人工作站、机器视觉设备开展机器人技术和生产线高级技术的讲解和教学。本书主要内容包括：

1. 本书重点阐述了自动化生产线的基础知识，包括自动化生产线的基本认识及原理、自动化生产线中的气动控制技术、传感检测技术、电机驱动技术、可编程控制器技术和触摸屏技术。

2. 本书结合机器人工作站、机器视觉设备等实训考核设备，以设备的各个单元为单位分别开展教学。结合机器人技术、机器视觉技术，更加深入地开展实践应用，通过学生装配、安装和调试的过程实现教学目标。其中，ABB机器人设备、发那科工业机器人设备及机器视觉分拣设备有专门介绍和实训内容。

本书由衢州职业技术学院尹凌鹏、刘俊杰、李雨健主编，编写过程中得到了衢州职业技术学院机电工程学院机电一体化技术专业各位老师的大力支持和多方面帮助，是团队的辛勤付出和团结协作使本书的编写工作顺利完成，在此表示感谢。

由于编者水平所限，书中不妥之处，敬请广大读者批评指正。

编　者

2022 年 2 月

目　录

项目 1　自动化生产线的基本认识

学习目标：
(1) 能够叙述自动化生产线技术的基本功能；
(2) 能够理解自动化生产线技术的发展方向；
(3) 能够叙述 THJDAL-2 型自动生产线设备的基本组成单元；
(4) 能够叙述 THJDAL-2 型自动生产线设备各个单元的基本功能。

项目 1　课件

任务 1.1　自动化生产线概述

1.1.1　工业自动化生产线的定义

扫码看微课

　　工业自动化生产（流水）线是指大批量自动或者半自动连续加工一种工业产品的一种生产方式，它是将复杂产品或复杂的加工过程分解为相应若干个单件或简单加工的生产过程，并且将单个零件或简单的加工过程用某种传输（皮带、滚道、吊链）方式连接，直至加工结束。自动化生产线往往能够代替人工完成生产过程的一个或几个环节。

　　比如在机械制造业中有铸造、锻造、冲压、热处理、焊接、切削加工和机械装配等自动线，也有包括不同性质的工序，如毛坯制造、加工、装配、检验和包装等的综合自动线。

1.1.2　自动化生产线发展过程

　　人类在制造工具过程中得到发展，而人类发展需要越来越好的工具。人类自从学会利用天然工具更好地维持生命后就一直没有停止对工具的渴望和不懈的追求。在这个过程中，人类的创新能力也在不断提高，生产线就是人类生产活动的一种工具，它体现了人类的智慧。

　　世界上任何事物的发展都经历从低级到高级的过程。人类社会生产力的发展也是如此，1913 年，福特汽车公司在底特律的小作坊里生产出第一辆轿车。此后，由于市场需求量扩大，原有的小作坊生产模式不能满足市场需求，必须寻求新的生产模式。生产线生产方式就是在这个时期问世的，随后发展成为自动化生产线。第二次世界大战后，在工业发达国家的机械制造业中，自动化生产线的数目急剧增加。

　　自动化生产线的发展方向主要是提高生产率和增大多用性、灵活性，为适应多品种生产的需要，发展为能快速调整的可调自动化生产线。

　　现代生产流水线生产方式，还改变了人们传统的劳动模式，技能全面与单一相辅相成，从个人掌握全面技能向单一众生技能转变 。

　　数字控制机床、工业机器人和电子计算机等技术的发展，以及成组技术的应用，将使自动化生产线的灵活性更大，可实现多品种、中小批量生产的自动化。多品种可调自动化生产线，降低了自动化生产线生产的经济批量，因而在机械制造业中的应用越来越广泛，并向更高度自动化的柔性制造系统发展。

现代生产线生产方式是人类创造力的充分体现，也是人类智慧的结晶。

1.1.3 自动化生产线生产的优点

采用自动化生产线进行生产的产品应有足够大的产量；产品设计和工艺应先进、稳定、可靠，并在较长时间内保持基本不变。在大批、大量生产中采用自动化生产线能提高劳动生产率，稳定和提高产品质量，改善劳动条件，缩减生产占地面积，降低生产成本，缩短生产周期，保证生产均衡性，有显著的经济效益。

自动化生产线在无人干预的情况下按规定的程序或指令自动进行操作或控制的过程，其目标是"稳、准、快"。自动化技术广泛用于工业、农业、军事、科学研究、交通运输、商业、医疗、服务和家庭等方面。采用自动化生产线不仅可以把人从繁重的体力劳动、部分脑力劳动以及恶劣、危险的工作环境中解放出来，而且能扩展人的器官功能，极大地提高劳动生产率，增强人类认识世界和改造世界的能力。

任务 1.2 认识典型生产线设备

扫码看微课

天煌 THJDAL-2 型自动化生产线是典型的生产线，涵盖了生产线技术的基本功能，实物如图 1-1 所示。

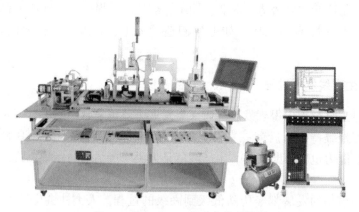

图 1-1 THJDAL-2 型生产线实物图

1.2.1 THJDAL-2 型自动化生产线基本组成部分

THJDAL-2 型自动化生产线系统由型材实训台、供料站、加工站、装配站、成品分拣站、搬运站、电源模块、按钮模块、PLC 模块、变频器模块、步进电机驱动器模块、各种传感器、警示灯、电磁阀和 I/O 接口板等组成，完成工件上料、加工、装配、分拣、输送等功能。整体结构采用开放式和拆装式设计，学生可以对各零件、部件、单元直至整体机构进行零部件拆装、调试、运行。

THJDAL-2系统的控制方式采用每一个工作站由一台PLC承担控制任务，各PLC之间通过RS485串行通信实现互联的分布式控制。

1.2.1.1　供料单元

基本功能：供料单元是THJDAL-2的起始单元，在整个系统中，起着向系统中的其他单元提供原料的作用。其工作任务是按照需要将放置在料仓中待加工工件自动地推出到物料台上，以便搬运单元的机械手将其抓取输送到其他单元上。

基本结构：由井式工件库、推料气缸、物料台、光电传感器、磁性传感器、电磁阀、支架、机械零部件构成。

1.2.1.2　加工单元

基本功能：将单元物料台上的工件送到钻头机构下面完成一次加工动作，然后再送回到物料台上，等待搬运单元的抓取机械手装置取出。

基本结构：由物料台、物料夹紧装置、龙门式二维运动装置、主轴电机、刀具以及相应的传感器、磁性开关、电磁阀、步进电机及驱动器、滚珠丝杆、支架、机械零部件构成。主要完成工件模拟钻孔、切屑加工。

1.2.1.3　装配单元

基本功能：将从搬运单元送入的黑色或者白色小圆柱工件用旋转盘旋转至装配位置，单元料仓内的黑色或白色小圆套工件嵌入到已加工的工件中，旋转进入按压装配工件，之后回到原位，以便搬运单元的机械手将其抓取输送到下一个单元上。

基本结构：由井式供料单元、三工位旋转工作台、平面轴承、冲压装配单元、光电传感器、电感传感器、磁性开关、电磁阀、交流伺服电机及驱动器、警示灯、支架、机械零部件构成。

1.2.1.4　分拣单元

基本功能：将上一单元送来的已加工装配的工件进行分拣，以便使不同颜色的工件从不同的滑槽分流。

基本结构：由传送带、变频器、三相交流减速电机、旋转气缸、磁性开关、电磁阀、调压过滤器、光电传感器、光纤传感器、对射传感器、支架、机械零部件构成。

1.2.1.5　搬运单元

基本功能：驱动抓取机械手装置精确定位到指定单元的物料台，在物料台上抓取工件，把抓取到的工件输送到指定地点，然后放下。同时该单元在PPI网络系统中担任主站的角色，它接收来自按钮指示灯模块的系统主令信号，读取网络上其他各站的状态信息，加以综合后向各个从站发送控制要求协调整个系统的工作。

基本结构：主要由步进电机驱动器、直线导轨、四自由度搬运机械手、定位开关、行程开关、支架、机械零部件构成。

1.2.2 自动流水线基本配置

该系统由型材实训台、供料单元、加工单元、装配单元、成品分拣单元、搬运单元、电源模块、按钮模块、PLC 模块、变频器模块、步进电机驱动器模块、各种传感器、警示灯、电磁阀和 I/O 接口板等组成，完成工件上料、加工、装配、分拣、输送等功能。整体结构采用开放式和拆装式设计，可以对各零件、部件、单元直至整体机构进行零部件拆装、调试、运行。其基本配置见表 1-1。

表 1-1 基本配置表

序号	名称	规 格	数量	单位	备注
1	工作台	1980mm×960mm×800mm	1	张	
2	PLC 模块	西门子 CPU222（AC/DC/RLY）	2	台	8DI/6DO
		西门子 CPU224（DC/DC/DC）	2	台	14DI/10DO
		西门子 CPU226（DC/DC/DC）	1	台	24DI/16DO
3	变频器模块	西门子 MM420 功率≥0.75kW	1	台	
4	电源模块	三相电源总开关（带漏电和短路保护）1 个、熔断器 4 只、单相三极电源插座 4 个、安全插座 7 个、DC 24V/5A 电源	1	块	
5	按钮模块	开关电源 24V/5A、12V/2A 各 1 组、转换开关 2 只、复位按钮（红、黄、绿各 1 只）、自锁按钮（红、黄、绿各 1 只）、24V 指示灯（红、黄、绿各 2 只）、急停按钮 1 只、蜂鸣器 1 只	1	块	
6	步进电机驱动模块	步进电机驱动器、指示灯、开关电源 24V/5A	1	套	
7	伺服电机驱动模块	交流伺服电机、伺服电机驱动器	1	套	
8	触摸屏模块	10.4in TFT 真彩、65K 色	1	套	
9	供料站	主要由井式工件库、推料气缸、物料台、光电传感器、磁性开关、电磁阀、支架、机械零部件构成	1	套	
10	加工站	主要由物料台、物料夹紧装置、龙门式二维运动装置、主轴电机、刀具以及相应的传感器、磁性开关、电磁阀、步进电机及驱动器、滚珠丝杆、支架、机械零部件构成	1	套	
11	装配站	主要由井式供料单元、三工位旋转工作台、平面轴承、冲压装配单元、光电传感器、电感传感器、磁性开关、电磁阀、交流伺服电机及驱动器、支架、机械零部件构成	1	套	
12	分拣站	主要由传送带、变频器、三相交流减速电机、旋转气缸、磁性开关、电磁阀、调压过滤器、光电传感器、光纤传感器、对射传感器、支架、机械零部件构成	1	套	
13	搬运站	主要由电机驱动器、直线导轨、四自由度搬运机械手、行程开关、支架、机械零部件构成	1	套	

续表 1-1

序号	名称	规 格	数量	单位	备注
14	接线端子板	接线端子排及安全型插座	1	套	
15	工件	含大小黑白工件	1	套	
16	电源线	单相三芯电源线	4	根	
17	实训导线	强电、弱电连接导线	1	套	
18	挂线架		1	件	
19	PU 气管	$\phi4/\phi6$ 若干	1	套	
20	气动接头	气动快插式三通接头 EPE6	5	只	
21	PLC 编程电缆	PC/PPI	2	根	
22	配套光盘	PLC 编程软件（DEMO 版）、使用手册、程序等	1	套	
23	配套工具	工具箱：十字长柄螺丝刀，大、中、小号一字螺丝刀，中、小号十字螺丝刀，钟表螺丝刀，剥线钳，尖嘴钳，剪刀，电烙铁，验电笔，镊子，活动扳手，内六角扳手（8 把）	1	套	
24	挂线架	TH-JD20	1	个	
25	型材电脑桌	TH-JD21	1	张	
26	静音气泵	0.4~0.8MPa	1	台	

1.2.3 设备的组成及优势

本装置是一种典型的机电一体化产品，是为职业院校、职业教育培训机构而研制的，它适合机电一体化、自动化等相关专业的教学和培训。该装置采用型材结构，其上安装有井式供料、切削加工、多工位装配、气动机械手搬运、皮带传送分拣等工作站及相应的电源模块、按钮模块、PLC 模块、变频器及交流电机模块、步进电机驱动模块、伺服电机驱动模块和各种工业传感器等控制检测单元。系统采用 PLC 工业网络通信技术实现系统联动，真实再现工业自动生产线中的供料、检测、搬运、切削加工、装配、输送、分拣过程。它在接近工业生产制造现场的基础上又针对教学及实训目的进行了专门设计，强化了自动化生产线的安装与调试能力，能较好地满足工学结合，是以工作过程为导向的项目教学法。

通过该实训设备的工作任务训练，能较好地锻炼操作者团队协作能力、自动线拆装与调试能力、工程实施能力和安全意识；引导高职院校机电及自动化等专业教学改革，满足机电一体化和自动化技术专业的核心能力训练要求，突出强调技术的综合运用。

 练习题

（1）THJDAL-2 型自动化生产线由哪几部分组成？
（2）自动流水线是如何实现通信的？
（3）自动流水线对工业生产有何种影响？

项目 2　典型自动化生产线的技能训练

学习目标:

(1) 了解自动化生产线实训设备各个单元的基本结构;

(2) 了解自动化生产线实训设备各个单元的工艺流程;

(3) 掌握自动化生产线实训设备各个单元的传感器使用的工作原理;

(4) 掌握自动化生产线实训设备各个单元的电气及气动回路的连接;

(5) 掌握对特定单元模块进行 PLC 编程;

(6) 掌握变频器的使用、调试方法;

(7) 掌握各个单元调试的技能。

项目 2　课件

任务 2.1　供料单元的装配与调试

扫码看微课

任务引入

供料单元主要完成将放置在工件库中待加工工件推出到物料台上,以便输送单元的机械手将其抓取,输送到其他站。其结构如图 2-1 所示。

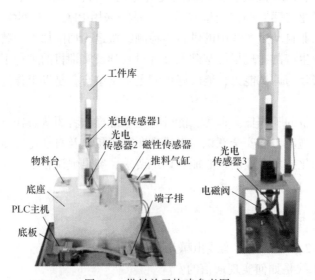

图 2-1　供料单元构建参考图

相关知识：气动控制技术应用

2.1.1　气动控制系统

2.1.1.1　气压传动及其组成部分

气压传动是以压缩空气为工作介质来传递动力和控制信号，控制和驱动各种机械和设备，以实现生产过程机械化、自动化的一门技术，简称气动。

气压传动系统主要由以下几个部分组成。

（1）能源装置，把机械能转换成流体的压力能的装置，一般最常见的是空气压缩机。

（2）执行装置，把流体的压力能转换成机械能的装置，如做直线运动的气缸、做旋转运动的气压马达等。

（3）控制调节装置，对气压系统中流体的压力、流量和流动方向进行控制和调节的装置。如各种类型的压力阀、流量阀、方向阀和逻辑元件等。

（4）辅助装置，指除以上三种以外的装置，分水滤气器、油雾器、消声器等，它们对保证气压系统可靠和稳定地工作有重大作用。

（5）传动介质，在气动系统中起到传递能量、信号的作用。气压传动的工作介质是压缩空气。

2.1.1.2　气压传动的优缺点

气压传动的优点有：

（1）气压传动系统的介质是空气，它取之不尽用之不竭，成本较低，用后的空气可以排到大气中去，不会污染环境。

（2）气压传动的工作介质黏度很小，所以流动阻力很小，压力损失小，便于集中供气和远距离输送和使用。

（3）气压传动工作环境适应性好。

（4）气压传动有较好的自保持能力。即使气源停止工作或气阀关闭，气压传动系统仍可维持一个稳定压力。

（5）气压传动在一定的超负载工况下运行也能保证系统安全工作，并不易发生过热现象。

当然，气压传动也有其缺点，主要有：

（1）气压传动系统的工作压力低，因此气压传动装置的推力一般不宜大于 40kN，仅适用于小功率场合，在相同输出力的情况下，气压传动装置比液压传动装置尺寸大。

（2）由于空气的可压缩性大，气压传动系统的速度稳定性差，位置和速度控制精度不高。

（3）气压传动系统的噪声大。

（4）气压传动工作介质本身没有润滑性。

（5）气压传动动作速度和反应快。

2.1.1.3　气压传动及其控制技术的应用和发展

气压传动的应用也相当普遍，许多机器设备中都装有气压传动系统，在工业各领域，如机械、电子、钢铁、运行车辆及制造、橡胶、纺织、化工、食品、包装、印刷和烟草机械等。气压传动技术不但在各工业领域应用广泛,而且,在尖端技术领域如核工业和宇航中,气压传动技术也占据着重要的地位。

目前,气压传动在实现高压、高速、大功率、高效率、低噪声、长寿命、高度集成化、小型化与轻量化、一体化、执行件柔性化等方面取得了很大的进展。同时,由于它与微电子技术密切配合,能在尽可能小的空间内传递出尽可能大的功率并加以准确地控制,从而更使得它在各行各业中发挥出了巨大作用。

2.1.2 气动元件认识及应用

2.1.2.1 气源装置

气源装置是气动系统的动力源,它能提供清洁、干燥且具有一定压力和流量的压缩空气,以满足条件不同的使用场合对压缩空气的质量要求。气源装置一般包括三个部分:产生空气的装置,如空压机,输送压缩空气的管道和压缩空气净化装置,如图2-2所示。

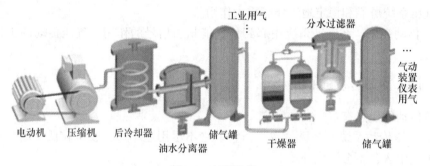

图 2-2 气源装置

空气压缩机是一种将机械能转化成气压能的能量转换装置,是一种气压发生装置。它的种类很多,按其工作原理,可分为容积型压缩机和速度型压缩机。

容积型压缩机的工作原理是压缩气体的体积,使单位体积内气体分子的密度增大,以提高压缩空气的压力,如图2-3所示;速度型压缩机的工作原理是提高气体分子的运动速度,然后使气体的动能转化为压力能,以提高压缩空气的压力。

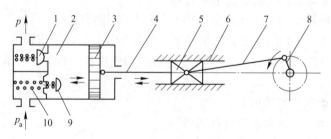

图 2-3 容积型空气压缩机工作原理图

1—排气阀;2—气缸;3—活塞;4—活塞杆;5—滑块;
6—连杆;7—曲柄;8—吸气阀;9—阀门;10—弹簧

2.1.2.2　气动联件

从空压机输出的压缩空气，含有大量的水分、油和粉尘等污染物，空气质量不良是气动系统出现故障的主要因素，会使气动系统的可靠性和使用寿命大大降低，由此造成的损失会大大超过气源处理装置的成本和维护费用。压缩空气中，绝对不许含有化学药品、有机溶剂的合成油、盐分和腐蚀性气体等。

因此气源处理包括：

（1）空气过滤，主要目的是滤除压缩空气中的水分、油滴及杂质，以达到启动系统所需要的净化程度，它属于二次过滤器；

（2）压力调节，调节或控制气压的变化，并保持降压后的压力值固定在需要的值上，确保系统压力的稳定性减小（因气源气压突变时）对阀门或执行器等硬件的损伤；

（3）油雾器，气压系统中一种特殊的注油装置，其作用是把润滑油雾化后，经压缩空气携带进入系统各润滑油部位，满足润滑的需要。

气动元器件中，通常将空气过滤器、减压阀和油雾器等元件进行不同的组合，构成空气组合元件。各元件之间采用模块式组合的方式连接。

使用空气过滤器和减压阀装在一起的气动二联件结构，组件及其回路原理图分别如图2-4（a）和图2-4（b）所示。

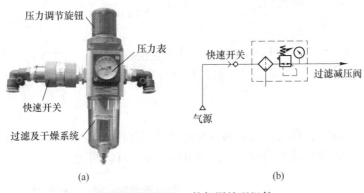

(a)　　　　　　　　　　(b)

图 2-4　THJDAL-2 的气源处理组件

（a）气源处理组件实物图；（b）气动原理图

2.1.2.3　气动执行元件

A　单作用和双作用气缸

在气缸运动的两个方向上，按受气压控制的方向个数的不同，分为单作用气缸和双作用气缸。

只有一个方向受气压控制而另一个方向依靠复位弹簧实现复位的气缸称为单作用气缸，如图2-5所示。

两个方向都受气压控制的气缸称为双作用气缸。

B　摆动气缸

利用压缩空气驱动输出轴在一定角度范围内作往复回转运动的气动执行元件称为摆动

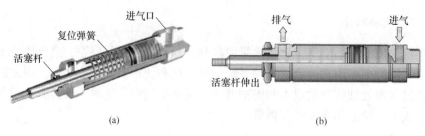

(a)　　　　　　　　　　　　　　　　(b)

图 2-5　单作用气缸和双作用气缸

（a）单作用气缸；（b）双作用气缸

气缸，它用于物体的转位、翻转、分类、夹紧、阀门的开闭及机器人的手臂动作等，如图 2-6 所示。

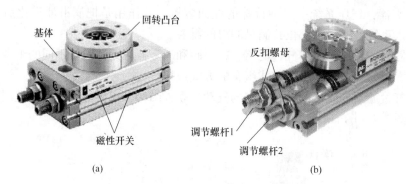

(a)　　　　　　　　　　　　　　　　(b)

图 2-6　装配单元使用的摆动气缸

（a）实物图；（b）剖视图

C　薄型气缸

属于省空间气缸类，即气缸的轴向或径向尺寸比标准气缸有较大减小的气缸，具有结构紧凑、质量轻、占用空间小等优点。图 2-7 是薄型气缸的实例图。

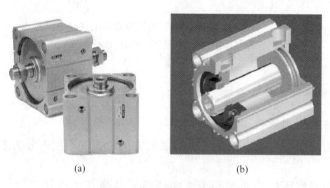

(a)　　　　　　　　　　　　　(b)

图 2-7　薄型气缸的实例图

（a）薄型气缸实例；（b）工作原理剖视图

薄型气缸的特点是：缸筒与无杆侧端盖压铸成一体，杆盖用弹性挡圈固定，缸体为方形。这种气缸通常用于固定夹具和搬运中固定工件等。

2.1.3 气动控制回路分析及连接

2.1.3.1 电磁换向阀

电磁换向阀属于方向控制阀，即能改变气体流动方向或通断的控制阀。如向气缸一端进气，并从另一端排气，再反过来，从另一端进气，一端排气，这种流动方向的改变，便要使用方向控制阀。电磁换向阀是利用其电磁线圈通电时，静铁芯对动铁芯产生电磁吸力使阀芯切换，达到改变气流方向的目的。

电磁换向阀的图形符号："位"和"通"的概念，如图 2-8 所示。

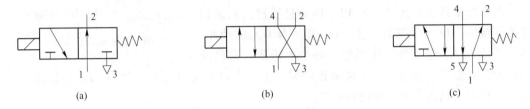

(a)　　　　　　　　　　　(b)　　　　　　　　　　　(c)

图 2-8　部分单电控电磁换向阀的图形符号

（a）二位三通阀；（b）二位四通阀；（c）二位五通阀

2.1.3.2 电磁阀的安装和调整

各工作单元的电磁阀均集中安装在汇流板上。汇流板中两个排气口末端均连接了消声器，消声器的作用是减少压缩空气在向大气排放时的噪声。这种将多个阀与消声器、汇流板等集中在一起构成的一组控制阀的集成称为阀组，而每个阀的功能是彼此独立的。阀组的结构如图 2-9 所示。

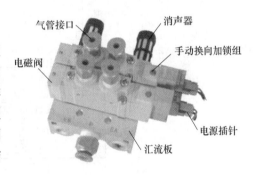

图 2-9　电磁阀组

（气管接口　消声器　手动换向加锁组　电磁阀　电源插针　汇流板）

任务实施

2.1.4 供料单元的气动控制回路分析及仿真

2.1.4.1 气动控制回路分析

该工作单元的执行机构是气动控制系统，其方向控制阀的控制方式为电磁控制，通过 PLC 控制控制阀线圈，从而实现动作，如图 2-10 所示。

该气动系统控制回路的工作原理如图 2-10 所示。气源统一供压，1B1、1B2 为安装在推料气缸的两个极限工作位置的磁性传感器，用于检测气缸动作。1Y1 为控制推料气缸的电磁阀的电磁控制信号，用于控制气阀工作。中间通过两个单向节流阀控制气缸的动作速度。

2.1.4.2　气动控制回路仿真设计

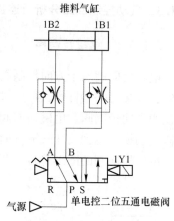

Festo 公司的 FluidSIM-P 软件可以用于液压回路和气动回路的设计，完成绘制后，还可以进行测试和模拟仿真，能够显示回路工作过程实际控制的动作，使学生逐步地解决回路问题，从而最终实现控制的动作要求。

图 2-10　电气连接图

2.1.5　供料单元的电气连接及编程

2.1.5.1　供料单元 PLC 电气电路

流水线中各个单元之间的 PLC 协调是通过公共通信总线连接的。单元中都有一个 PLC 控制本单元的动作。各单元的元件，包括各个传感器、各个电磁阀，都已经实现分配好输入输出端口并连接至相应端口上。供料单元中各个信号与 PLC 连接时，只需要一根专用电缆即可实现快速连接。

供料单元的输入输出端口分配如图 2-11 所示。

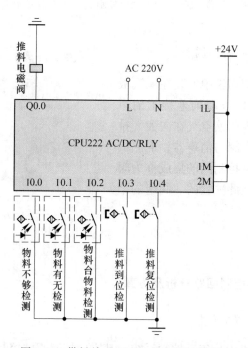

图 2-11　供料单元 PLC 电气电路连接图

2.1.5.2　供料单元编程

A　控制要求

当系统通电后，自动执行复位动作，包括推料气缸回位，物料检测传感器检测是否有物料、是否充足。如无法复位，红色警示灯闪烁，显示无法运行。如复位成功，进入运行模式，按动启动按钮，供料单元执行气缸将物料从料仓中将工件推出，然后气缸缩回，回到初始位置。工件推至物料台，物料台下方检测传感器检测出有物料存在，一旦物料台无物料而料仓中有物料，气缸即执行推出动作，将物料推出。

在启动前，供料单元所有执行机构必须处于初始位置，否则不能启动。

启动前，供料单元不在初始位置或无法回复至初始位置时，警示灯红灯亮，系统不允许供料单元启动。

当供料单元缺少物料超过 3s 后，缺料警示灯黄灯亮起，当无物料 3s 后，警示灯红灯亮起。

B 编写程序

完成西门子 PLC 相应编程软件的安装，根据控制要求，进行程序梯形图的编写。

C 下载调试

将编辑好的程序下载到 PLC 中去，调试通过，完成控制任务。

2.1.6 供料单元实训操作

2.1.6.1 控制任务

(1) 系统启动后，若供料单元的物料台上没有工件，则应把工件推到物料台上，并向系统发出物料台上有工件信号。物料台上的工件被搬运单元机械手取出后，若系统启动信号仍然为 ON，则进行下一次推出工件操作。

(2) 在运行过程中，如果按下停止按钮或者暂停按钮指令，供料单元在完成当前工作循环之后停止运行，并且各个执行机构应该回到初始位置。

(3) 启动前，供料单元不在初始位置或无法回复至初始位置时，警示灯红灯亮，则系统不允许供料单元启动。

(4) 当供料单元缺少物料超过 3s 后，缺料警示灯黄灯亮起，当无物料 3s 后，警示灯红灯亮起。

2.1.6.2 编写工序图，编写程序梯形图

根据上述控制任务要求，先编写供料单元工序图，再编写相应的 PLC 梯形图程序。

2.1.6.3 下载程序及调试

将编写好的程序下载至 PLC 中运行，调试通过，完成控制任务。并记录下实验操作过程。

 练习题

(1) 供料单元主要完成哪些功能？

(2) 若运行时工件库工件充足，但是物料不足传感器没有信号传回 PLC，分析可能产生这一现象的原因，说明检测过程及解决方法。

（3）推料气缸不动作，未能将工件推到物料台上。分析产生这一现象的原因，说明检测过程及解决方法。

任务 2.2　加工单元的装配与调试

扫码看微课

任务引入

加工单元主要完成模拟工件的冲压加工过程。加工单元物料台的物料检测传感器检测到工件后，机械手指夹紧工件，二维运动装置开始动作，主轴下降并启动电机，模拟切削加工。切削加工完成后，主轴电机提升并停止，二维运动装置回零点，向系统发出加工完成信号。待搬运机械手将工件搬运走以后，操作结束，等待下一次待加工工件。加工单元构建参考图如图 2-12 所示。

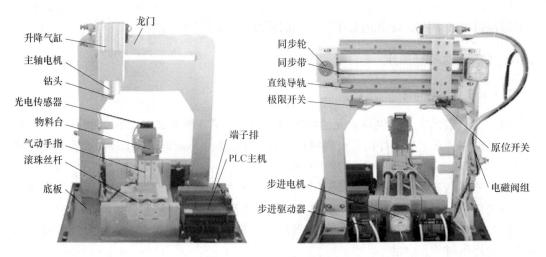

图 2-12　加工单元构建参考图

相关知识：传感检测技术应用

2.2.1　传感器技术概述

人是通过视觉、听觉、嗅觉、触觉等来接收外部信息的，而自动流水线设备的机器也有大量的信息需要获得，使得机器能够实现设计要求的动作实现自动化，这就要通过传感器来接收信息。传感器技术是实现自动化的关键技术之一。

现今传感器早已渗透到诸如工业生产、宇宙开发、海洋探测、环境保护、资源调查、医学诊断、生物工程，甚至文物保护等极其广泛的领域。可以毫不夸张地说，从茫茫的太空，到浩瀚的海洋，以至各种复杂的工程系统，几乎每一个现代化项目，都离不开各种各样的传感器。传感器作为信息获取的重要手段，与通信技术和计算机技术共同构成信息技术的三大支柱。

无论是国内还是国外，与计算机技术和数字控制技术相比，传感技术的发展都落后于它们。从 20 世纪 80 年代起才开始重视和投资传感技术的研究开发或列为重点攻关项目，不少先进的成果仍停留在研究实验阶段，转化率比较低。

　　我国从 20 世纪 60 年代开始传感技术的研究与开发，经过从"六五"到"九五"的国家攻关，在传感器研究开发、设计、制造、可靠性改进等方面获得长足的进步，初步形成了传感器研究、开发、生产和应用的体系，并在数控机床攻关中取得了一批可喜的、为世界瞩目的发明专利与工况监控系统或仪器的成果。但从总体上讲，它还不能适应我国经济与科技的迅速发展，我国不少传感器、信号处理和识别系统仍然依赖进口。同时，我国传感技术产品的市场竞争力优势尚未形成，产品的改进与革新速度慢，生产与应用系统的创新与改进少。

2.2.1.1　传感器基本结构

　　传感器一般由敏感元件、转换元件、变换电路和辅助电源四部分组成，如图 2-13 所示。

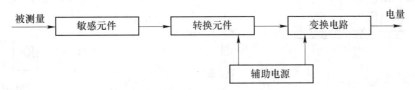

图 2-13　传感器的组成

　　敏感元件直接感受被测量，并输出与被测量有确定关系的物理量信号；转换元件将敏感元件输出的物理量信号转换为电信号；变换电路负责对转换元件输出的电信号进行放大调制；转换元件和变换电路一般还需要辅助电源供电。

2.2.1.2　传感器的分类

　　传感器大致可分为以下几类。

　　（1）按用途，可分为压力敏和力敏传感器、位置传感器、液位传感器、能耗传感器、速度传感器、加速度传感器、射线辐射传感器、热敏传感器。

　　（2）按输出信号，可分为：

　　1）模拟传感器，将被测量的非电学量转换成模拟电信号；

　　2）数字传感器，将被测量的非电学量转换成数字输出信号（包括直接和间接转换）；

　　3）膺数字传感器，将被测量的信号量转换成频率信号或短周期信号的输出（包括直接或间接转换）；

　　4）开关传感器，当一个被测量的信号达到某个特定的阈值时，传感器相应地输出一个设定的低电平或高电平信号。

　　（3）按工作原理，可分为振动传感器、湿敏传感器、磁敏传感器、气敏传感器、真空度传感器、生物传感器等。

2.2.2　磁性开关

　　自动流水线中磁性开关是用来检测气缸活塞位置的，即检测活塞的运动行程的。

　　气缸的活塞上安装一个永久磁铁的磁环，从而提供一个反映气缸活塞位置的磁场。而安装在气缸外侧的磁性开关用舌簧开关作磁场检测元件。当气缸中随活塞移动的磁环靠近开关时，舌簧开关的两根簧片被磁化而相互吸引，触点闭合；当磁环移开开关后，簧片失磁，触点断开。触点闭合或断开即提供了气缸活塞伸出或缩回的位置。图 2-14 所示是带磁性开关气缸的工作原理图。

　　磁性开关安装位置的调整方法是松开它的紧定螺栓，让磁性开关顺着气缸滑动，到达指定位置后，再旋紧紧定螺栓，如图 2-15 所示。

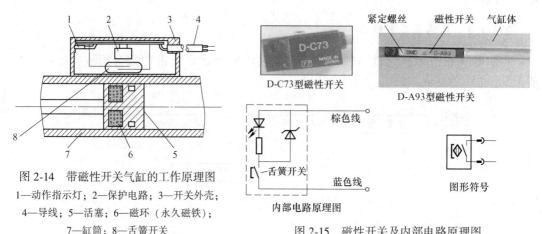

图 2-14　带磁性开关气缸的工作原理图
1—动作指示灯；2—保护电路；3—开关外壳；
4—导线；5—活塞；6—磁环（永久磁铁）；
7—缸筒；8—舌簧开关

图 2-15　磁性开关及内部电路原理图

2.2.3　电感式接近开关

　　电感式接近开关是利用电涡流效应制造的传感器，当被测金属物体接近电感线圈时产生了涡流效应，引起振荡器振幅或频率的变化，由传感器的信号调理电路（包括检波、放大、整形、输出等电路）将该变化转换成开关量输出，从而达到检测目的。工作原理如图 2-16 所示。

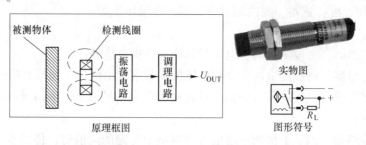

图 2-16　电感式传感器工作原理

2.2.4　光电传感器

　　光电传感器是利用光的各种性质，检测物体的有无和表面状态的变化等的传感器。其中输出形式为开关量的传感器为光电式接近开关。

漫射式光电开关是利用光照射到被测物体上后反射回来的光线而工作的，由于物体反射的光线为漫射光，故称为漫射式光电接近开关。它的光发射器与光接收器处于同一侧位置，且为一体化结构，如图 2-17 和图 2-18 所示。

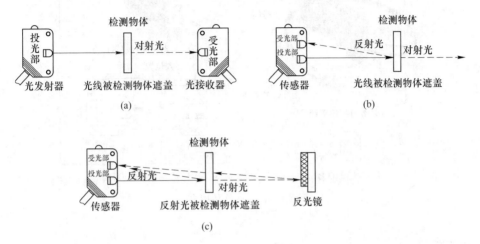

图 2-17　光电式接近开关

（a）对射式光电接近开关；（b）漫射式（漫反射式）光电接近开关；（c）反射式光电接近开关

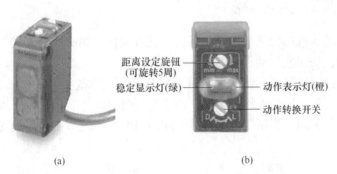

图 2-18　E3Z-L 型光电开关的外形和调节旋钮、显示灯

（a）E3Z-L 型光电开关外形；（b）调节旋钮和显示灯

2.2.5　光纤式传感器

光纤传感器的基本工作原理是将来自光源的光信号经过光纤送入调制器，使待测参数与进入调制区的光相互作用后，导致光的光学性质（如光的强度、波长、频率、相位、偏振态等）发生变化，成为被调制的信号源，再经过光纤送入光探测器，经解调后，获得被测参数。

光纤传感器由光纤检测头、光纤放大器两部分组成，放大器和光纤检测头是分离的两个部分，光纤检测头的尾端部分分成两条光纤，使用时分别插入放大器的两个光纤孔。光纤传感器组件及放大器的安装示意图如图 2-19 所示。

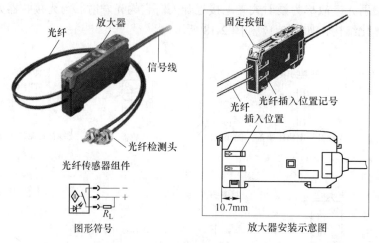

图 2-19　光纤传感器

任务实施

2.2.6　加工单元的气动控制回路分析及仿真

2.2.6.1　气动控制回路分析

该工作单元的执行机构是气动控制系统，其方向控制阀的控制方式为电磁控制，通过 PLC 控制阀线圈，从而实现动作。

该气动系统控制回路的工作原理如图 2-20 所示。气源统一供压，1B、2B1、2B2 为安装在气缸的极限工作位置的磁性传感器，用于检测气缸动作。1Y1 为控制推料气缸的电磁阀的电磁控制信号，用于控制气阀工作。中间通过两个单向节流阀控制气缸的动作速度。

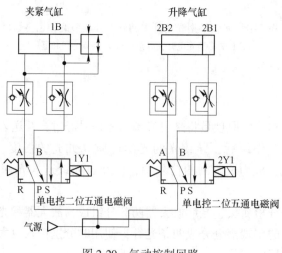

图 2-20　气动控制回路

2.2.6.2　气动控制回路仿真设计

　　Festo 公司的 FluidSIM-P 软件可以用于液压回路和气动回路的设计，完成绘制后，还可以进行测试和模拟仿真，能够显示回路工作过程实际控制的动作，使学生逐步地解决回路问题，从而最终实现控制的动作要求。

2.2.7　加工单元的电气连接及编程

　　流水线中各个单元之间的 PLC 协调是通过公共通信总线连接的。单元中都有一个 PLC 控制本单元的动作。各单元的元件，包括各个传感器、各个电磁阀，都已经实现分配好输入输出端口并连接至相应端口上。加工单元中各个信号与 PLC 连接时，只需要一根专用电缆即可实现快速连接。

　　加工单元的输入输出端口分配如图 2-21 所示。

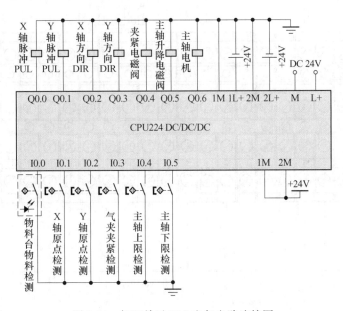

图 2-21　加工单元 PLC 电气电路连接图

2.2.8　加工单元编程

2.2.8.1　控制要求

　　加工单元主要完成工件模拟钻孔、切屑加工。

　　当系统通电后，自动执行复位动作，包括物料台检测是否有物料，物料台是否到达指定位置，转头是否到达指定位置。

2.2.8.2　编写程序

　　完成西门子 PLC 相应编程软件的安装，根据控制要求，进行程序梯形图的编写。

2.2.8.3 下载调试

将编辑好的程序下载到 PLC 中去，调试通过，完成控制任务。

2.2.9 加工单元端子排连接

为了识别、连接方便，通常都采用端子排。

端子排：用于连接 PLC 输入输出端口与各传感器和电磁阀。其中下排 1～4 号和上排 1～4 号端子短接经过带保险的端子与+24V 相连。上排 5～19 号端子短接与 0V 相连，如图 2-22 所示。

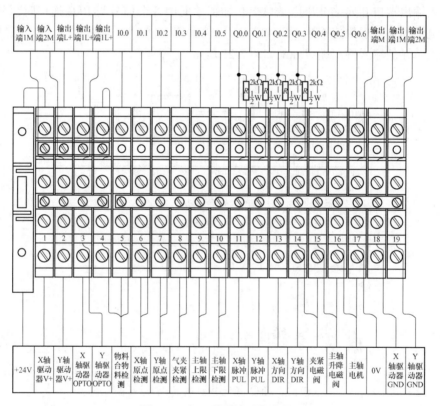

图 2-22 加工单元端子接线排

说明：

（1）光电传感器引出线，棕色接"+24V"电源，蓝色接"0V"，黑色接 PLC 输入；

（2）磁性传感器引出线，蓝色接"0V"，棕色接 PLC 输入；

（3）电磁阀引出线，黑色接"0V"，红色接 PLC 输出。

2.2.10 步进电机及驱动器设置

2.2.10.1 M415B 两相步进电机驱动器的主要参数

供电电压：直流 12～40V；输出相电流：0.21～1.5A；控制信号输入电流：6～20mA。

2.2.10.2　参数设定

在驱动器的侧面连接端子中间有六位 SW 功能设置开关，用于设定电流和细分，设定参数表可见表 2-1。该站 X 轴、Y 轴驱动器电流都设定为 0.84A，细分设定为 16。步进电机与 PLC 之间的接线如图 2-23 所示。

表 2-1　步进电机参数设定表

序号	SW1	SW2	SW3	电流/A
1	OFF	ON	ON	0.21
2	ON	OFF	ON	0.42
3	OFF	OFF	ON	0.63
4	ON	ON	OFF	0.84
5	OFF	ON	OFF	1.05
6	ON	OFF	OFF	1.26
7	OFF	OFF	OFF	1.50
序号	SW1	SW2	SW3	细分
1	ON	ON	ON	1
2	OFF	ON	ON	2
3	ON	OFF	ON	4
4	OFF	OFF	ON	8
5	ON	ON	OFF	16
6	OFF	ON	OFF	32
7	ON	OFF	OFF	64

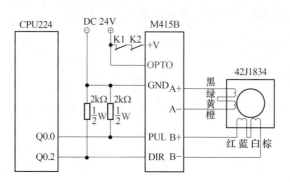

图 2-23　步进电机接线图

2.2.11　加工单元网络设置

本自动流水线是采用 RS485 串行通信实现的网络控制方案，系统的启动信号、停止信号、复位信号均从连接到搬运站（主站）的按钮/指示灯模块或触摸屏发出，经搬运站 PLC 程序处理后，向各从站发送控制要求，以实现各站的复位、启动、停止等操作。各从站在运行过程中的状态信号，应存储到该单元 PLC 规划好的数据缓冲区，以实现整个系统的协调运行。网络读写数据规划可见表 2-2。

表 2-2　网络读写数据规划表

序号	西门子系统		功　能
	主站地址（搬运站）	从站地址（加工站）	
1	V1204.0	V1010.0	加工站复位完成
2	V1204.1	V1010.1	加工台有工件
3	V1204.2	V1010.2	加工完成
4	V1204.3	V1010.3	等待加工工件

2.2.12　加工单元实训操作

2.2.12.1　控制任务

物料台接收到来自搬运站搬运的物料后，物料台夹具夹紧。物料台通过丝杠传动，往龙门方向运动，靠近龙门后，步进电机带动转头运动至物料正上方。到达位置后，转头下沉，模拟加工过程。加工完成后，转头缩回，回位。同时，物料台向原来位置返回，直至指定位置。物料台夹具松开，等待搬运站搬运物料。在启动前，供料单元所有执行机构必须处于初始位置，否则不能启动。

（1）系统启动后，转头和物料台各自到设定位置，如果没有到达指定位置，则启动后运动到达。

（2）如有物料进入物料台，物料台夹紧物料，开始向里运动（向龙门方向运动）。

（3）转头移动到龙门中间位置（物料正上方），由气缸控制其下钻动作。

2.2.12.2　编写工序图，编写程序梯形图

根据上述控制任务要求，先编写加工单元工序图，再编写相应的 PLC 梯形图程序。

2.2.12.3　下载程序及调试

将编写好的程序下载至 PLC 中运行，调试通过，完成控制任务，并记录下实验操作过程。

 练习题

（1）加工件放入物料台，系统检测不到工件。分析产生这一现象的原因，并叙述检测过程及解决方法。

（2）总结检查气动连线、传感器连线、I/O 检测机故障排除的方法。

（3）如果在加工过程中出现意外情况需要如何处理？

（4）运行过程中物料台气缸无法夹紧工件。分析可能产生这一现象的原因，并叙述检测过程及解决方法。

（5）思考网络控制如何实现。

任务 2.3 装配单元的装配与调试

扫码看微课

任务引入

装配单元主要完成模拟工件的紧合装配过程。装配单元主要完成进入的物料和本单元工作库中的物料装配的任务。装配完成后由搬运站搬出。

本单元由井式供料单元、三工位旋转工作台、平面轴承、冲压装配单元、光电传感器、电感传感器、磁性开关、电磁阀、交流伺服电机及驱动器、警示灯、支架、机械零部件构成，如图 2-24 所示。

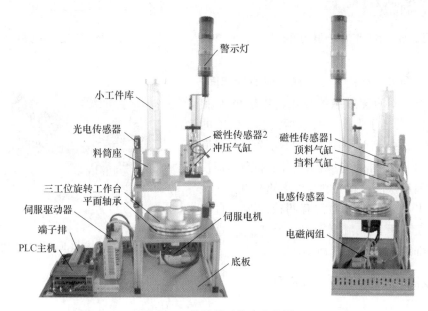

图 2-24 供料单元构建参考图

相关知识：电动机驱动技术应用

电动机是将电能转换成机械能的装置。按用途分类，可以分为驱动用电动机和控制用电动机。按输入的电流不同，又可以分为直流电动机和交流电动机。

2.3.1 直流电动机认识及应用

直流电动机可作为电动机使用，也可以作为发电机运行。其基本机构可分为可转动部分和静止部分，可转动部分称为转子，静止部分称为定子。

定子一般包括主磁极、机座、换向极、电刷装置等。转子一般包括电枢铁芯、电枢绕组、换向器、电动机转轴和轴承等，如图 2-25 所示。

如图 2-26 所示，如给直流电动机加上直流电流，则电流流过线圈，根据电磁力定律，方向由左手定则判定，在磁感应的作用下，两段导体受到的力形成转矩，于是转子就会逆时针转动。由于碳刷和换向片的作用，线圈中的电流流动方向将会改变，因此产生的转矩方向保持不变。

图 2-25　小型直流电动机实物图

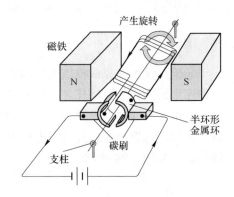

图 2-26　直流电动机工作原理

　　直流电动机的结构多种多样，但原理相同。定子上总有一对直流励磁的静止的主磁极 N 和 S，在旋转部分转子上安装有电枢铁芯。线圈的首和尾分别连接到两个圆弧形的铜片上，即换向片，换向片之间是绝缘的。当电枢转动时，电枢线圈通过换向片和电刷与外电路接通。

　　直流电动机的接入通常有两极，接入直流电源，在正常额定电流下即可正常工作。直流电动机内部结构如图 2-27 所示。

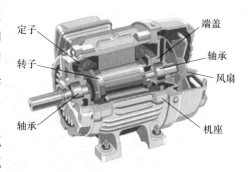

图 2-27　直流电动机内部结构

2.3.2　交流异步电动机认识及应用

2.3.2.1　三相异步电动机结构及工作原理

　　三相异步电动机是工业上常用的一种动力装置，如图 2-28 所示。其主要结构由定子和转子两部分组成。转子安装在定子腔体里面。图 2-29 所示为小型异步电动机的内部结构图。

图 2-28　交流异步电动机

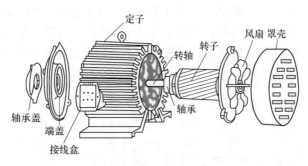

图 2-29　异步电动机的分解图

为了保证转子能够自由旋转，在定子与转子之间必须留有一定的空气隙，中小型电动机的空气隙在 0.2~1.0mm 之间。

所谓三相对称绕组是指三个外形、尺寸、匝数相同，首段彼此相隔 120°，对称地放置于定子槽内的三个独立绕组，一般分别用 U_1、V_1、W_1 来表示它们的首端，而用 U_2、V_2、W_2 来表示它们的末端。

三相交流电流通入三相对称交流绕组时，将在电机气隙空间产生旋转磁场。三相电流产生的合成磁场是一旋转的磁场。即：一个电流周期，旋转磁场在空间转过 360°。

三相异步电动机定子产生旋转磁场的磁极个数，称为极数。对于每相只有一个线圈的电动机，绕组始端之间相差 120° 的空间角，则产生的旋转磁场只有一对磁极。磁极对数用 p 表示，则 $p=1$。若每相定子绕组由两个线圈串联组成，则绕组始端之间相差 60° 空间角，因而旋转磁场具有两对磁极，$p=2$。

磁极对数为 p 时，磁场的转速为：

$$n_1 = 60f/p(1-s)$$

式中，f 为定子电流的频率；p 为磁极对数。

而转子的实际转速小于磁场的转速，即 $n<n_1$。若二者相等，转子就没有切割磁力线作用，转矩也就消失了，转子也就不可能以 n_1 的转速正常运行。

在我国（$f=50\text{Hz}$），磁极对数为 p 的磁场转速 n_1 可见表 2-3。

表 2-3　磁极对数与转速的具体关系

磁极对数	每个电流周期磁场转过的空间角度/(°)	同步转速 $(f=50\text{Hz})/\text{r}\cdot\text{min}^{-1}$
$p=1$	360	3000
$p=2$	180	1500
$p=3$	120	1000
$p=4$	90	750

可见，旋转磁场转速 n_1 与磁极对数 p 和频率 f 有关系。

2.3.2.2　三相异步电动机的连接方法

三相异步电动机的接线方法有两种：一种是三角形接线，用符号"△"表示；另一种是星形接线，用符号"Y"表示。所谓星形接线是把上面三个接线柱用金属片连接起来，下面三个接线柱再分别接电源，如图 2-30（a）所示。所谓三角形接线是把接线盒的六个接线柱中，上下两柱用金属片连接起来后，再分别接电源，如图 2-30（b）所示。

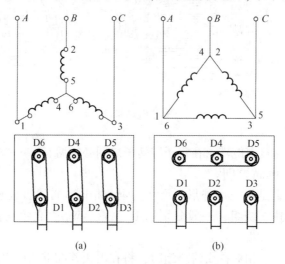

图 2-30　绕组星形接线和绕组三角形接线

电动机三相绕组究竟按何种方式连接，要看铭牌标明的电压和接线方式，如果铭牌上标着电压 220/380V，接法 △/Y，表明该台电动机有两种接线方式，适应两种不同的电压。如果电源电压是 220V，就应接成三角形。如误接成星形，就会使接到每相绕组上的电压由 220V 下降到 127V。电动机就会因电压太低启动不起来，如仍承受额定负载，就容易造成过载烧毁。如果电源电压是 380V，就应接成星形，如误接成三角形，每相绕组就会承受 380V 的电压而造成定子电流增大烧毁绕组。所以正确的接线方式，应能使电动机在正常工作时，所承受的电源电压必须等于或接近于电动机的额定电压。

2.3.2.3　异步电动机的铭牌数据

每一种三相异步电动机的工作参数都有不同，可以在电动机铭牌上获得这些参数。通常铭牌上标注有该电动机的主要性能和技术数据，如图 2-31 所示。

三相异步电动机					
型　号	Y132M-4	功　率	7.5kW	频　率	50Hz
电　压	380V	电　流	15.4A	接　法	△
转　速	1440r/min	绝缘等级	E	工作方式	连续
温　升	80℃	防护等级	IP44	质　量	55kg

图 2-31　异步电动机铭牌

为不同用途和不同工作环境的需要，电机制造厂把电动机制成各种系列，每个系列的不同电动机用不同的型号表示，如图 2-32 所示。

异步电动机的额定值包括以下内容：

（1）额定功率，额定运行时，轴端输出的机械功率，单位为 kW；

Y	132	S	4
三相异步电动机	机座中心高 /mm	机座长度代号	磁极数
		S: 短铁芯	
		M: 中铁芯	
		L: 长铁芯	

图 2-32　异步电动机铭牌参数

（2）额定电流，电压、功率为额定值时，定子绕组的线电流，单位为 A；

（3）额定频率，定子电源频率，我国工业用电的频率是 50Hz，单位为 Hz；

（4）额定转速，额定运行时，转子的转速，单位为 r/min；

（5）额定功率因数，定子加额定负载时，定子边的功率因数。

2.3.2.4　三相异步电动机的选择

正确选择电动机的功率、种类、型式是极为重要的。

A　功率的选择

电动机的功率根据负载的情况选择合适的功率，选大了虽然能保证正常运行，但是不经济，电动机的效率和功率因数都不高；选小了就不能保证电动机和生产机械的正常运行，不能充分发挥生产机械的效能，并使电动机由于过载而过早地损坏。

a　连续运行电动机功率的选择

对连续运行的电动机，先算出生产机械的功率，所选电动机的额定功率等于或稍大于生产机械的功率即可。

b　短时运行电动机功率的选择

如果没有合适的专为短时运行设计的电动机，可选用连续运行的电动机。由于发热惯性，在短时运行时可以容许过载。工作时间越短，则过载可以越大。但电动机的过载是受到限制的。通常是根据过载系数 λ 来选择短时运行电动机的功率。电动机的额定功率可以是生产机械所要求的功率的 $1/\lambda$。

B　种类和型式的选择

a　种类的选择

选择电动机的种类是从交流或直流、机械特性、调速与启动性能、维护及价格等方面来考虑的。

（1）交、直流电动机的选择。如没有特殊要求，一般都应采用交流电动机。

（2）鼠笼式与绕线式的选择。三相鼠笼式异步电动机结构简单，坚固耐用，工作可靠，价格低廉，维护方便，但调速困难，功率因数较低，启动性能较差。因此在要求机械特性较硬而无特殊调速要求的一般生产机械，拖动应尽可能采用鼠笼式电动机。

只有在不方便采用鼠笼式异步电动机时才采用绕线式电动机。

b　结构型式的选择

电动机常制成以下几种结构型式。

（1）开启式。在构造上无特殊防护装置，用于干燥无灰尘的场所。通风非常良好。

（2）防护式。在机壳或端盖下面有通风罩，以防止铁屑等杂物掉入。也有将外壳做成挡板状，以防止在一定角度内有雨水滴溅入其中。

（3）封闭式。它的外壳严密封闭，靠自身风扇或外部风扇冷却，并在外壳带有散热片。在灰尘多、潮湿或含有酸性气体的场所，可采用它。

（4）防爆式。整个电机严密封闭，用于有爆炸性气体的场所。

c　安装结构型式的选择

（1）机座带底脚，端盖无凸缘（B3）。

（2）机座不带底脚，端盖有凸缘（B5）。

（3）机座带底脚，端盖有凸缘（B35）。

d　电压和转速的选择

（1）电压的选择。电动机电压等级的选择，要根据电动机类型、功率以及使用地点的电源电压来决定。Y 系列鼠笼式电动机的额定电压只有 380V 一个等级。只有大功率异步电动机才采用 3000V 和 6000V。

（2）转速的选择。电动机的额定转速是根据生产机械的要求而选定的。但通常转速不低于 500r/min。因为当功率一定时，电动机的转速越低，则其尺寸越大，价格越贵，且效率也较低。因此就不如购买一台高速电动机再另配减速器来得合算。

异步电动机通常采用 4 个磁极的，即同步转速 $n_0 = 1500r/min$。

2.3.3　步进电机认识及应用

步进电机是使用电脉冲信号实现控制的一种电机，它的旋转是以固定的角度一步一步运行的。步进电机作为执行元件，是机电一体化的关键产品之一，一般应用于有定位要求的场合。

从励磁方法上分，步进电机可以分为反应式、永磁式和感应式三种。本节主要以反应式步进电机为介绍对象展开。

2.3.3.1　步进电机工作原理

步进电机工作原理和磁感应有关，如图 2-33 所示有 6 个磁极，平均分布在定子的圆周上，相对的磁极作为一相，所以共有三相；转子上有四齿。它的工作原理如下：当电机运行时，首先给 A 相施加脉冲电压，B 相、C 相不通电，这时，A 相形成一个磁场，如图 2-33（a）虚线所示，由于励磁磁通沿磁阻最小路径通过的原理，电磁力矩就会将转子旋转到和 A 相轴线相一致的地方，如图 2-33（a）所示；在下一个时刻，将 A 相断电，C 相保持不通电的状态，同时给 B 相施加与前一时刻 A 相脉冲宽度相同的脉冲电压，这时电磁力矩就将转子驱动到 B 相轴线一致的地方，电动机转子旋转一个角度，如图 2-33（b）所示；随之将 B 相断电，A 相保持前一时刻的不通电状态，给 C 相施加脉冲电压，电机转子又转过一个角度，如图 2-33（c）所示；如此循环往复，步进电机就不停地旋转。

永磁式步进电机的定子结构与反应式步进电机的定子结构大致相同，也是硅钢片的铁芯，上面有绕组，由一定数目的磁极构成。

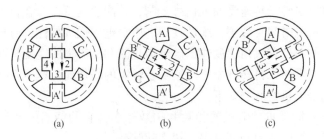

图 2-33　步进电机工作原理

（a）A 相通电；（b）B 相通电；（c）C 相通电

2.3.3.2　步进电机细分

将"电机固有步距角"细分成若干小步的驱动方法，称为细分驱动，细分是通过驱动器精确控制步进电机的相电流实现的，与电机本身无关。其原理是，让定子通电相电流并不一次升到位，而断电相电流并不一次降为 0（绕组电流波形不再是近似方波，而是 N 级近似阶梯波），则定子绕组电流所产生的磁场合力，会使转子有 N 个新的平衡位置（形成 N 个步距角）。

在没有细分驱动器时，用户主要靠选择不同相数的步进电机来满足自己对步距角的要求。如果使用细分驱动器，则用户只需在驱动器上改变细分数，就可以大幅度改变实际步距角，步进电机的"相数"对改变实际步距角的作用几乎可以忽略不计。

步进电机的细分技术实质上是一种电子阻尼技术，其主要目的是减弱或消除步进电机的低频振动，而提高电机的运转精度只是细分技术的一个附带功能。细分后电机运转时对每一个脉冲的分辨率提高了，但运转精度能否达到或接近脉冲分辨率还取决于细分驱动器的细分电流控制精度等其他因素。不同厂家的细分驱动器精度可能差别很大，细分数越大，精度越难控制。

2.3.4　伺服电机

伺服电机又称执行电机，如图 2-34 所示。在自动控制系统中，用作执行元件，把收到的电信号转换成电机轴上的角位移或角速度输出。伺服电机内部的转子是永磁铁，驱动器控制的 U/V/W 三相电形成电磁场，转子在此磁场的作用下转动，同时电机自带的编码器反馈信号给驱动器，驱动器根据反馈值与目标值进行比较，调整转子转动的角度。伺服电机的精度决定于编码器的精度（线数），也就是说伺服电机本身具备发出脉冲的功能，它每旋转一个角度，都会发出对应数量的脉冲，这样伺服驱动器和伺

图 2-34　伺服电机

服电机编码器的脉冲形成了呼应，所以它是闭环控制，而步进电机是开环控制。

2.3.4.1　伺服电机的结构

伺服电机可使控制速度、位置精度非常准确，可以将电压信号转化为转矩和转速以驱

动控制对象。伺服电机转子转速受输入信号控制，并能快速反应，在自动控制系统中，用作执行元件，具有机电时间常数小、线性度高、始动电压低等特性，可把所收到的电信号转换成电动机轴上的角位移或角速度输出。分为直流和交流伺服电动机两大类，其主要特点是，当信号电压为零时无自转现象，转速随着转矩的增加而匀速下降。

步进电机和伺服电机的区别如下。

（1）控制精度不同，步进电机的相数和拍数越多，它的精确度就越高，伺服电机取决于自带的编码器，编码器的刻度越多，精度就越高。

（2）控制方式不同，一个是开环控制，一个是闭环控制。

（3）低频特性不同，步进电机在低速时易出现低频振动现象，当它工作在低速时一般采用阻尼技术或细分技术来克服低频振动现象，伺服电机运转非常平稳，即使在低速时也不会出现振动现象。交流伺服系统具有共振抑制功能，可涵盖机械的刚性不足，并且系统内部具有频率解析机能（FFT），可检测出机械的共振点便于系统调整。

（4）矩频特性不同，步进电机的输出力矩会随转速升高而下降，交流伺服电机为恒力矩输出。

（5）过载能力不同，步进电机一般不具有过载能力，而交流电机具有较强的过载能力。

（6）运行性能不同，步进电机的控制为开环控制，启动频率过高或负载过大易丢步或堵转，停止时转速过高易出现过冲现象，交流伺服驱动系统为闭环控制，驱动器可直接对电机编码器反馈信号进行采样，内部构成位置环和速度环，一般不会出现步进电机的丢步或过冲的现象，控制性能更为可靠。

（7）速度响应性能不同，步进电机从静止加速到工作转速需要上百毫秒，而交流伺服系统的加速性能较好，一般只需几毫秒，可用于要求快速启停的控制场合。

2.3.4.2　伺服电机与步进电机的区别

A　区别 1：控制的方式不同

步进电机：是将电脉冲信号转变为角位移或线位移的开环控制步进电机件。简单地说是靠电脉冲信号来控制角度与转动圈数。所以说它只靠脉冲信号来决定转动多少。因没有传感器，所以停止角度会有偏差。但是精确的脉冲信号则会将偏差减至最低。

伺服电机：靠伺服控制电路来控制电机的转速，通过传感器来控制转动位置。所以位置控制十分精确。而转速也是可变的。

B　区别 2：所需的工作设备和工作流程不同

步进电机所需的供电电源（所需电压由驱动器参数给出）：一个脉冲发生器（现在多半是用板块），一个步进电机，一个驱动器（驱动器设定步距角角度，如设定步距角为 0.45°，这时给一个脉冲，电机走 0.45°）。其工作流程为：步进电机工作一般需要两个脉冲，即信号脉冲和方向脉冲。伺服电机所需的供电电源是一个开关（继电器开关或继电器板卡），一个伺服电机；其工作流程就是一个电源连接开关，再连接伺服电机。

C　区别 3：低频特性不同

步进电机在低速时易出现低频振动现象。振动频率与负载情况和驱动器性能有关，一般认为振动频率为电机空载起跳频率的一半。这种由步进电机的工作原理所决定的低频振动现象对于机器的正常运转非常不利。当步进电机工作在低速时,一般应采用阻尼技术来克服低频振动现象,比如在电机上加阻尼器,或驱动器上采用细分技术等。交流伺服电机运转非常平稳,即使在低速时也不会出现振动现象。交流伺服系统具有共振抑制功能,可涵盖机械的刚性不足,并且系统内部具有频率解析机能,可检测出机械的共振点,便于系统调整。

D　区别 4：矩频特性不同

步进电机的输出力矩随转速升高而下降,且在较高转速时会急剧下降,所以其最高工作转速一般在 300~600r/min。

交流伺服电机为恒力矩输出,即在其额定转速(一般为 2000r/min 或 3000r/min)以内,都能输出额定转矩,在额定转速以上为恒功率输出。

E　区别 5：过载能力不同

步进电机一般不具有过载能力。

交流伺服电机具有较强的过载能力。以松下交流伺服系统为例,它具有速度过载和转矩过载能力。其最大转矩为额转矩的 3 倍,可用于克服惯性负载在启动瞬间的惯性力矩。步进电机因为没有这种过载能力,在选型时为了克服这种惯性力矩,往往需要选取较大转矩的电机,而机器在正常工作期间又不需要那么大的转矩,便出现了力矩浪费的现象。

F　区别 6：速度响应性能不同

步进电机从静止加速到工作转速(一般为每分钟几百转)需要 200~400ms。交流伺服系统的加速性能较好,以松下 MSMA400W 交流伺服电机为例,从静止加速到其额定转速 3000r/min。仅需几毫秒,可用于要求快速启停的控制场合。

综上所述,交流伺服系统在许多性能方面都优于步进电机。但在一些要求不高的场合也经常用步进电机来做执行电动机。所以,在控制系统的设计过程中要综合考虑控制要求、成本等多方面的因素,选用适当的控制电机。

任务实施

2.3.5　装配单元的气动控制回路分析及仿真

2.3.5.1　气动控制回路分析

气动控制系统是本工作单元的执行机构,该执行机构的逻辑控制功能是由 PLC 实现的,如图 2-35 所示。

2.3.5.2　气动控制回路仿真设计

Festo 公司的 FluidSIM-P 软件可以用于液压回路和气动回路的设计,完成绘制后,还可以进行测试和模拟仿真,能够显示回路工作过程实际控制的动作,使学生逐步地解决回路问题,从而最终实现控制的动作要求。

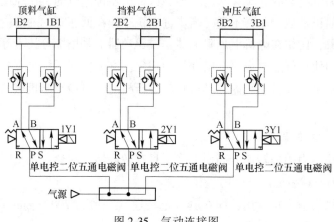

图 2-35　气动连接图

2.3.6　装配单元的电气连接及编程

2.3.6.1　装配单元 PLC 电气电路

流水线中各个单元之间的 PLC 协调是通过公共通信总线连接的。单元中都有一个 PLC 控制本单元的动作。各单元的元件，包括各个传感器、各个电磁阀，都已经实现分配好输入输出端口并连接至相应端口上。供料单元中各个信号与 PLC 连接时，只需要一根专用电缆即可实现快速连接。

装配单元的输入输出端口分配如图 2-36 所示。

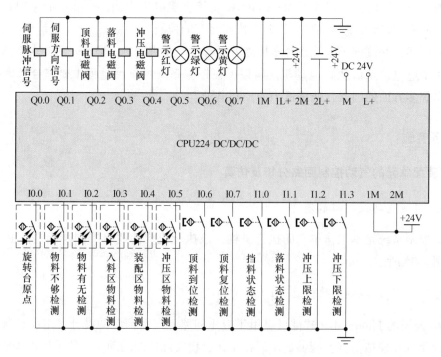

图 2-36　装配单元 PLC 电气电路连接图

2.3.6.2　装配单元编程

A　控制要求

当系统通电后，自动执行复位动作，即旋转工作台旋转到位。

物料进入工作台后，旋转三工位工作台，将物料旋转至小工件库正下方后停止，小工件库内落下一个小工件至工件上方，但是没有安装压紧。旋转工作台，将物料送至冲压气缸下方，气缸下压，完成安装。安装完成后工作台旋转至原位，等待搬运站将物料搬走。

在启动前，装配单元所有执行机构必须处于初始位置，否则不能启动。启动前，装配单元不在初始位置或无法回复至初始位置时，警示灯红灯亮，则系统不允许装配单元启动。

当装配单元小工件库缺少物料超过3s后，缺料警示灯黄灯亮起，当无物料3s后，警示灯红灯亮起。

B　编写程序

完成西门子PLC相应编程软件的安装，根据控制要求，进行程序梯形图的编写。

C　下载调试

将编辑好的程序下载到PLC中去，调试通过，完成控制任务。

2.3.7　伺服电机及驱动器

欧姆龙通用SMARTSTEP2系列AC伺服具有位置控制和速度控制两种模式，而且能够切换位置控制和速度控制进行运行。因此，它适用于以加工机床和一般加工设备的高精度定位和平稳的速度控制为主的范围宽广的各种领域。

2.3.7.1　控制模式

控制模式包含两种。

（1）位置控制模式。用最高500kp/s的高速脉冲串执行电机的旋转速度和方向的控制，分辨率为100000脉冲/r的高精度定位。

（2）速度控制模式。用由参数构成的内部速度指令（最多4速）对伺服电机的旋转速度和方向进行高精度的平滑控制。另外，对于速度指令，它还具有进行加减速时的常数设置和停止时的伺服锁定功能。

2.3.7.2　各部分名称

伺服电机控制器的接口位于伺服电机端面，如图2-37所示。其中电源指示灯可以指示各种报警显示，如图2-38所示。电源LED颜色所代表的状态可见表2-4。

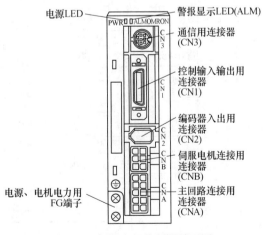

图 2-37　伺服电机控制器端面图

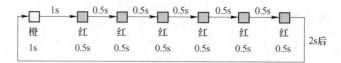

图 2-38　报警显示

表 2-4　电源 LED（PWR）

LED 显示	状　态
绿色灯亮	主电源打开
橙色灯亮	警告时 1s 闪烁（过载、过再生、分隔旋转速度异常）
红色灯亮	报警发生

发生报警时闪烁，通过橙色及红色显示灯的闪烁次数来表示警报代码。

警报代码如下所示。

例：过载（报警代码 16）发生、停止时，橙色 1 次，红色 6 次闪烁。

2.3.7.3　输入输出信号（CN1）

输入输出控制信号如图 2-39 所示，可以通过外部连接。伺服驱动器引脚可见表 2-5。

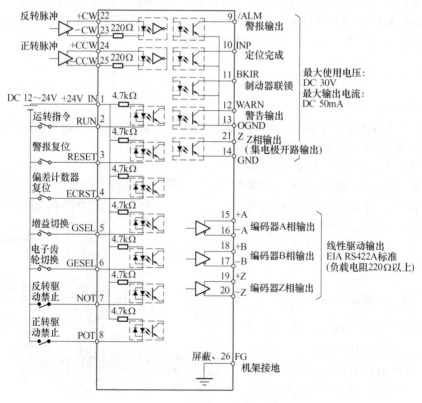

图 2-39　输入输出信号图

表 2-5　伺服驱动器引脚

引脚	标记	名称	功 能 界 面
1	+24V IN	控制用 DC 电源输入	序列输入（引脚 No.1）用电源 DC +12~24V 的输入端子
2	RUN	运转指令输入	ON：伺服 ON（接通电机电源）
3	RESET	报警复位	ON：对伺服报警的状态进行复位。 开启时间必须在 120ms 以上
4	ECRST/ VSEL2	偏差计数器 复位输入/ 内部设定速度选择 2	位置控制模式（Pn02 为「0」或者「2」）时，转换为偏差计数器输入。 ON：禁止脉冲指令，对偏差计数器进行复位（清除）。必须开启 2ms 以上 内部速度控制模式（Pn02 为「1」）时，转换为内部设定速度选择 2。 ON：输入内部设定速度选择 2
5	GSEL/ VZERO/ TLSEL	增益切换/ 零速度指定/ 转矩限制切换	在位置控制模式（Pn02 为「1」）时，如果零速度指定/转矩限制切换（Pn06）为「0」或「1」，则转换为增益切换输入 内部速度控制模式（Pn02 为「1」）时，转换为零速度指定输入。 OFF：速度指令转换为零。 通过设定零速度指定/转矩限制切换（Pn06），也可以使输入无效。 有效，Pn06=1；无效，Pn06=0 零速度指定/转矩限制切换（Pn06）如果为「2」，位置控制模式、内部速度控制模式同时切换为转矩限制切换。 OFF：转换为第 1 控制值（Pn70、5E、63）。 ON：转换为第 1 控制值（Pn71、72、73）
6	GESEL/ VSEL1	电子齿轮切换/ 内部设定速度选择 1	位置控制模式（Pn02 为「0」或者「2」）时，转换为电子齿轮切换输入（在切换前后 10ms 内输入脉冲无效）。 OFF：第 1 电子齿轮比分子（Pn46）。 ON：第 2 电子齿轮比分子（Pn47） 内部速度控制模式（Pn02 为「1」）时，转换为内部设定速度选择 1。 ON：输入内部设定速度选择 1
7	NOT	输入反转侧驱动禁止	反转侧超程输入。 OFF：驱动禁止；ON：驱动允许
8	POT	输入正转侧驱动禁止	正转侧超程输入。 OFF：驱动禁止；ON：驱动允许
9	/ALM	报警输出	驱动器发出报警之后，停止输出

续表 2-5

引脚	标记	名称	功能界面
10	INP/TGON	定位完成输出/ 电机转速检测输出	位置控制模式（Pn02 为「0」或者「2」）时，转换为定位完成输出。 ON：偏差计数器的滞留脉冲在定位完成幅度（Pn60）的设定值以内
			内部速度控制模式（Pn02 为「1」）时，转换为电机转速检测输出。 ON：电机转速大于电机检测转速（Pn62）的设定值
11	BKIR	制动器联锁输出	输出保持制动器的定时信号。 ON 时，请放开保持制动器
12	WARN	警告输出	通过警告输出，Pn09 的信号被输出
13	OGND	输出共用地线	序列输出（引脚 No. 9、10、11、12）用共用地线
14	GND	共用地线	编码器输出、Z 相输出（引脚 No. 21）用共用地线
15	+A	编码器 A 相输出	按照编码器分频比（Pn44）的设定，输出编码器脉冲。 线性驱动器输出（相当于 RS-422）
16	−A		
17	+B	编码器 B 相输出	
18	−B		
19	+Z	编码器 Z 相输出	
20	−Z		
21	Z	Z 相输出	输出编码器的 Z 相（1 脉冲/r）。 集电极开路输出
22	+CW/ PULS/FA	反转脉冲/ 进给脉冲/ 90°相位差信号 （A 相）	位置指令用的脉冲串输入端子。 线性驱动器输入时：最大响应频率 500kp/s； 开路集电极输入时：最大响应频率 200kp/s。
23	−CW/ PULS/FA		
24	+CCW/ SIGN/FB	正转脉冲/ 方向信号/ 90°相位差信号 （B 相）	可以从反转脉冲/正转脉冲（CW/CCW）、进给脉冲/方向信号（PULS/SIGN）、90°相位差（A/B 相）信号（FA/FB）中进行选择（根据 Pn42 的设定）
25	−CCW/ SIGN/FB		

2.3.7.4　位置指令脉冲输入接线规则

不同的输入脉冲需要采取不同的接入方式。

A　线性伺服驱动器输入

线性伺服驱动器输入如图 2-40 所示。

B　集电极开路输入

如采用集电极开路输入方式连接，用图 2-41 来实现。

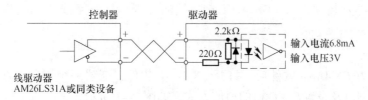

图 2-40　线性伺服驱动器输入图

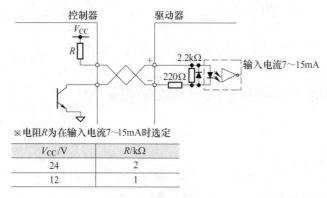

※电阻R为在输入电流7～15mA时选定

V_{CC}/V	R/kΩ
24	2
12	1

图 2-41　集电极开路输入

2.3.7.5　伺服设置软件的使用

A　软件安装

将 CX-ONE V2.12 软件光盘放入光驱，计算机将会自动运行安装程序。按向导提示，一路按"下一步"。如图 2-42 所示，在安装过程中去掉不用的软件 CX-Drive，节省安装空间和安装时间。

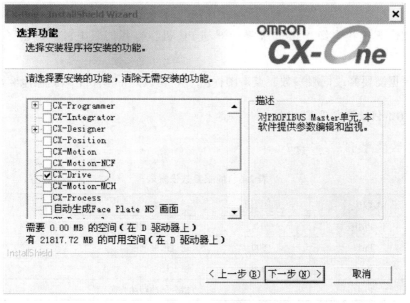

图 2-42　伺服驱动器设置软件安装

安装完成再安装软件 CX-Drive V1.61，按向导提示，一路按"下一步"，完成软件升级。

B　软件使用

（1）安装好 CX-Drive 软件后，打开 CX-Drive 软件，新建一个工程。选择伺服型号、功率、电源类型以及设置与 PC 机的通信方式，如图 2-43 所示。

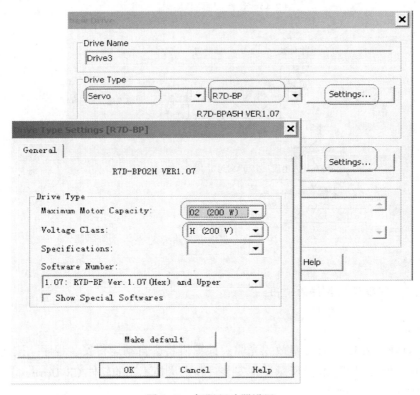

图 2-43　伺服驱动器设置

（2）用伺服连接电缆连接伺服驱动器与 PC 机，打开伺服电源，点击图标 在线工作。

（3）根据需要修改伺服参数，点击图标，将修改好的参数下载到伺服驱动器中。

2.3.7.6　伺服参数设置

伺服参数设置可以参考表 2-6。

表 2-6　伺服参数设置表

序号	参数代号	设置值	说　　　明
1	Pn10	10	位置控制回路响应
2	Pn11	500	速度回路响应
3	Pn20	200	惯量比
4	Pn41	1	指令脉冲转动方向

续表 2-6

序号	参数代号	设置值	说　明
5	Pn42	3	指令脉冲模式
6	Pn46	190	第一电子齿轮分子

2.3.7.7 报警显示

当异常情况出现时，伺服驱动会显示报警，见表 2-7。

表 2-7　伺服驱动报警显示表

序号	报警显示	异常内容	发生异常时的状况
1	11	电源电压不足	在运行指令（RUN）的输入中，主电路 DC 电压降到规定值以下
2	12	过电压	主电路 DC 电压异常的高
3	14	过电流	过电流流过 IGBT。电机动力线的接地、短路
4	15	内部电阻器过热	驱动器内部的电阻器异常发热
5	16	过载	大幅度超出额定转矩运行了几秒或者几十秒
6	18	再生过载	再生能量超出了电阻器的处理能力
7	21	编码器断线检出	编码器线断线
8	23	编码器数据异常	来自编码器的数据异常
9	24	偏差计数器溢出	计数器的剩余脉冲超出了偏差计数器的超限级别（Pn63）的设定值
10	26	超速	电机的旋转速度超出了最大转速。使用转矩限制功能时，超速检查级别设定（Pn70、Pn73）的设定值超出了电机旋转速度
11	27	电子齿轮设定异常	第 1、第 2 电子齿轮比分子（Pn46、Pn47）的设定值不合适
12	29	偏差计数器溢流	偏差计数器的剩余脉冲超过 134217728 次脉冲
13	34	超程界限异常	位置指令输入超出了由越程界限设定（Pn26）所设定的电机可以动作的范围
14	36	参数异常	接通电源时，从 EEPROM 读取数据时，参数保存区域的数据已经被破坏
15	37	参数破坏	接通电源从 EEPROM 读取数据时，和校验不符
16	38	禁止驱动输入异常	禁止正转侧驱动和禁止反转侧驱动都被关闭
17	48	编码器 Z 相异常	检测到 Z 相的脉冲流失
18	49	编码器 CS 信号异常	检测到 CS 信号的逻辑异常
19	95	电机不一致	伺服电机和驱动器的组合不恰当；接通电源时，编码器没有被连接
20	96	LSI 设定异常	干扰过大，造成 LSI 的设定不能正常完成
21		其他异常	驱动器启动自我诊断功能，驱动器内部发生了某种异常

连接西门子 PLC 输出口时需要串联两个阻值为 2kΩ 的电阻，如图 2-44 所示。

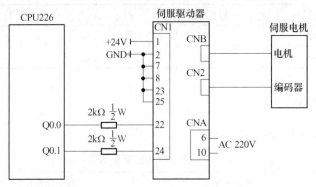

图 2-44　装配单元伺服接线图

2.3.8　装配单元实训操作

2.3.8.1　控制任务

（1）系统启动后，自动执行复位动作，即旋转工作台旋转到位。同时检测小工件库中的物料是否充足，如无物料，则红警示灯亮，如物料不充足，则黄色警示灯亮起，如正常，则绿色警示灯亮。

（2）物料进入工作台后，旋转三工位工作台，将物料旋转至小工件库正下方后停止，小工件库内落下一个小工件至工件上方，但是没有安装压紧。旋转工作台，将物料送至冲压气缸下方，气缸下压，完成安装。安装完成后工作台旋转至原位，等待搬运站将物料搬走。

（3）在运行过程中，如果按下停止按钮或者暂停按钮指令，装配单元在完成当前工作循环之后停止运行，并且各个执行机构应该回到初始位置。

（4）启动前，装配单元不在初始位置或无法回复至初始位置时，警示灯红灯亮，则系统不允许装配单元启动。

（5）当装配单元的小工件库内缺少物料超过 3s 后，缺料警示灯黄灯亮起，当无物料 3s 后，警示灯红灯亮起。

2.3.8.2　编写工序图，编写程序梯形图

根据上述控制任务要求，先编写装配单元工序图，再编写相应的 PLC 梯形图程序。

2.3.8.3　下载程序及调试

将编写好的程序下载至 PLC 中运行，调试通过，完成控制任务，并记录下实验操作过程。

 练习题

（1）若运行过程工件库工件充足，但是物料不足传感器无信号传回 PLC，分析可能

产生这一现象的原因，并叙述检测过程及解决方法。

（2）搬运机械手夹取工件时发生脱落，分析产生这一现象的原因，并叙述检测过程及解决方法。

（3）叙述小组在调试过程中出现的其他故障及解决方法。

（4）工件库工件不足报警，如果使用警示灯显示报警信息，该如何操作？例如：零件不足，红灯以 1Hz 的频率闪烁，绿灯和黄灯亮；零件没有时，警示灯中红色灯以亮 1s，灭 0.5s 的方式闪烁，黄灯熄灭，绿灯常亮。

任务 2.4　分拣单元的装配与调试

扫码看微课

任务引入

分拣单元主要完成将装配好的物料按颜色分拣，存放入不同的料槽内。主要完成来料检测、分类、入库。

物料颜色分为白色和黑色两种，物料的颜色通过光纤传感器进行区分。气缸将物料推入相应料槽，第一个料槽存放白色物料，第二个料槽存放黑色物料。

其工作流程为：入料口检测到工件后变频器启动，驱动传动电动机，把工件带入分拣区。如果工件为白色，则该工件到达 1 号滑槽，传送带停止，工件被推到 1 号槽中；如果为黑色，旋转气缸旋转，工件被导入 2 号槽中。当分拣槽对射传感器检测到有工件输入时，应向系统发出分拣完成信号。

本单元由传送带、变频器、三相交流减速电机、旋转气缸、磁性开关、电磁阀、调压过滤器、光电传感器、光纤传感器、对射传感器、支架、机械零部件构成，如图 2-45 所示。

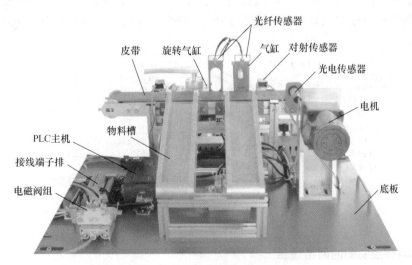

图 2-45　分拣单元构建参考图

相关知识：可编程控制器技术应用

在自动流水线中，机构的动作由控制器控制实现。而可编程控制器（PLC）因为具有高可靠性、抗干扰能力强、高性价比等优点而被广泛地应用在各种自动生产设备中，作为设备的"大脑"而存在。

可编程控制器是在电器控制技术和计算机技术的基础上开发出来的，并逐渐发展成为以微处理器为核心，把自动化技术、计算机技术、通信技术融为一体的新型工业控制装置。目前，PLC 已被广泛应用于各种生产机械和生产过程的自动控制中，成为一种最重要、最普及、应用场合最多的工业控制装置，被公认为现代工业自动化的三大支柱（PLC、机器人、CAD/CAM）之一。

2.4.1　可编程控制器

可编程控制器简称 PLC（Programmable Logic Controller），是一种数字运算操作的电子系统，专门在工业环境下应用而设计。

1987 年国际电工委员会（IEC）颁布的 PLC 标准草案中对 PLC 做了如下定义：是一种数字运算操作的电子系统，专门在工业环境下应用而设计。它采用可以编制程序的存储器，用来执行存储逻辑运算和顺序控制、定时、计数和算术运算等操作的指令，并通过数字或模拟的输入（I）和输出（O）接口，控制各种类型的机械设备或生产过程。

2.4.2　S7-200 PLC

S7-200 系列 PLC 属于混合式 PLC，由 PLC 主机和扩展模块组成。其中，PLC 主机由 CPU、存储器、通信电路、基本输入输出电路、电源等基本模块组成，相当一个整体式的 PLC，可以单独完成控制功能，它包含一个控制系统所需的最小组成单元。图 2-46 为 S7-200 的 CPU 模块的外形结构，它将一个微处理器、一个集成电源和数字量 I/O（输入/输出）点集成在一个紧密的封装之中。

PLC 虽然在外观上与通用计算机有较大差别，但在内部结构上，PLC 只是像一台增强了 I/O 功能的可与控制对象方便连接的计算机。在系统结构上，PLC 的基本组成包括硬件与软件两部分。

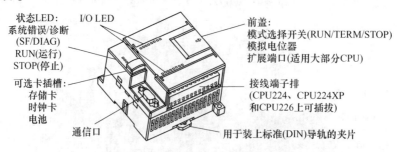

图 2-46　S7-200 系列 CPU 单元的结构

2.4.3　可编程控制器的网络通信

THJDAL-2 系统的控制方式采用每一个工作站由一台 PLC 承担控制任务，各 PLC 之间通过 RS485 串行通信实现互联的分布式控制方式。

PPI 协议是 S7-200 系列 PLC 最基本的通信方式，通过自身的端口（PORT0 或 PORT1）就可实现通信。PPI 是一种主-从协议通信，主-从站在一个令牌环网中，主站发送要求到从站设备，从站设备响应，从站不发送信息，只是等待主站的要求并对要求做出响应。主站靠一个 PPI 协议管理的共享连接来与从站通信。PPI 并不限制与任意一个从站通信的主站数量，但在一个网络中，主站个数不能超过 32。如果在用户程序中使用 PPI 主站模式，可以使用网络读写指令来读写从站信息。

对网络上的每一台 PLC，应设置其系统块中的通信端口参数。对用作 PPI 通信的端口（PORT0 或 PORT1），指定其 PLC 地址（站号）和波特率。设置后把系统块下载到 PLC。具体操作如图 2-47 所示。

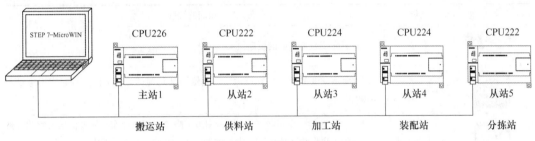

图 2-47 可编程控制器网络连接图

任务实施

2.4.4 分拣单元的气动控制回路分析及仿真

2.4.4.1 气动控制回路分析

气动控制系统是本工作单元的执行机构，该执行机构的逻辑控制功能是由 PLC 实现的，如图 2-48 所示。

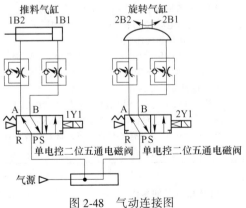

图 2-48 气动连接图

2.4.4.2 气动控制回路仿真设计

Festo 公司的 FluidSIM-P 软件可以用于液压回路和气动回路的设计，完成绘制后，还可以进行测试和模拟仿真，能够显示回路工作过程实际控制的动作，使学生逐步地解决回路问题，从而最终实现控制的动作要求。

图 2-49　变频器面板

2.4.5　西门子变频器参数设置及操作

2.4.5.1　变频器操作面板说明

变频器操作面板如图 2-49 所示。为了通过变频器实现对电机的控制，首先要针对具体的电机参数进行变频器的设置。变频器具体按键功能见表 2-8。

表 2-8　变频器操作功能说明

显示/按钮	功能	功能的说明
r0000	状态显示	LCD 显示变频器当前的设定值
Ⅰ	启动变频器	按此键启动变频器。缺省值运行时此键是被封锁的。为了使此键起作用应设定 P0700＝1
0	停止变频器	OFF1：按此键，变频器将按选定的斜坡下降速率减速停车，缺省值运行时此键被封锁；为了允许此键操作，应设定 P0700＝1。OFF2：按此键两次（或一次，但时间较长）电动机将在惯性作用下自由停车。此功能总是"使能"的
↻	改变电动机的转动方向	按此键可以改变电动机的转动方向。电动机的反向用负号（－）表示或用闪烁的小数点表示。缺省值运行时此键是被封锁的，为了使此键的操作有效，应设定 P0700＝1
jog	电动机点动	在变频器无输出的情况下按此键，将使电动机启动，并按预设定的点动频率运行。释放此键时，变频器停车。如果变频器/电动机正在运行，按此键将不起作用
Fn	功能	此键用于浏览辅助信息。 变频器运行过程中，在显示任何一个参数时按下此键并保持不动 2s，将显示以下参数值（在变频器运行中，从任何一个参数开始）： （1）直流回路电压（用 d 表示，单位为 V）； （2）输出电流（A）； （3）输出频率（Hz）； （4）输出电压（用 o 表示，单位为 V）。 （5）由 P0005 选定的数值（如果 P0005 选择显示上述参数中的任何一个（3，4 或 5），这里将不再显示）。 连续多次按下此键，将轮流显示以上参数。 跳转功能：在显示任何一个参数（rXXXX 或 PXXXX）时短时间按下此键，将立即跳转到 r0000。如果需要的话，可以接着修改其他的参数。跳转到 r0000 后，按此键将返回原来的显示点
P	访问参数	按此键即可访问参数
▲	增加数值	按此键即可增加面板上显示的参数数值

显示/按钮	功能	功能的说明
	减少数值	按此键即可减少面板上显示的参数数值

2.4.5.2　基本操作面板功能说明

改变参数 P0004 的数值和修改下标参数数值的步骤如图 2-50 所示。按照图 2-50，可以用"BOP"设定任何一个参数。

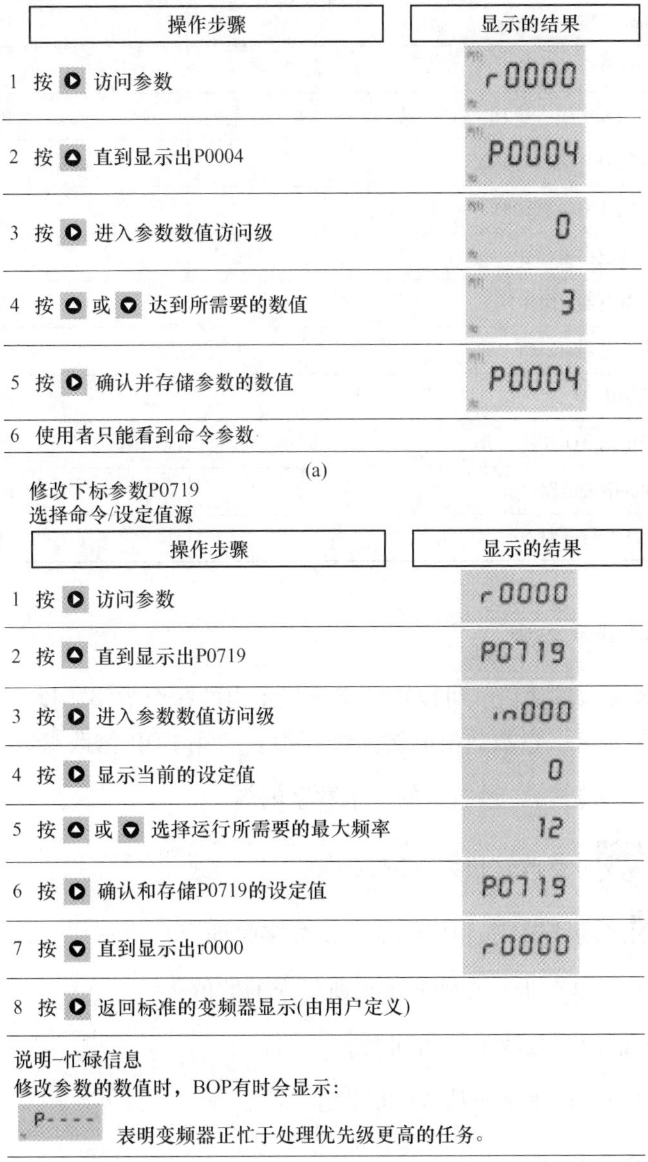

操作步骤	显示的结果
1　按 ▶ 访问参数	r0000
2　按 ▲ 直到显示出P0004	P0004
3　按 ▶ 进入参数数值访问级	0
4　按 ▲ 或 ▼ 达到所需要的数值	3
5　按 ▶ 确认并存储参数的数值	P0004
6　使用者只能看到命令参数	

(a)

修改下标参数P0719
选择命令/设定值源

操作步骤	显示的结果
1　按 ▶ 访问参数	r0000
2　按 ▲ 直到显示出P0719	P0719
3　按 ▶ 进入参数数值访问级	in000
4　按 ▶ 显示当前的设定值	0
5　按 ▲ 或 ▼ 选择运行所需要的最大频率	12
6　按 ▶ 确认和存储P0719的设定值	P0719
7　按 ▼ 直到显示出r0000	r0000
8　按 ▶ 返回标准的变频器显示(由用户定义)	

说明-忙碌信息
修改参数的数值时，BOP有时会显示：

P----　表明变频器正忙于处理优先级更高的任务。

(b)

图 2-50　修改参数数值

(a) 修改参数 P0004 数值；(b) 修改下标参数数值

2.4.5.3 端子的功能

变频器端子有其特定功能及设定参数，见表 2-9。

表 2-9 变频器端子功能

端子号	端子功能	相关参数
1	频率设定电源（+10V）	
2	频率设定电源（0V）	
3	模拟信号输入端 AIN+	P0700
4	模拟信号输入端 AIN−	P0700
5	多功能数字输入端 DIN1	P0701
6	多功能数字输入端 DIN2	P0702
7	多功能数字输入端 DIN3	P0703
8	多功能数字电源+24V	
9	多功能数字电源 0V	
10	输出继电器 RL1B	P0731
11	输出继电器 RL1C	P0731
12	模拟输出 AOUT+	P0771
13	模拟输出 AOUT−	P0771
14	RS485 串行链路 P+	P0004
15	RS485 串行链路 N−	P0004

2.4.5.4 参数设置方法

为了快速修改参数的数值，可以单独修改显示出的每个数字，操作步骤如下：

（1）确信已处于某一参数数值的访问级（参看"用 BOP 修改参数"）；

（2）按 (Fn)（功能键），最右边的一个数字闪烁；

（3）按 (▲) (▼)，修改这位数字的数值；

（4）再按 (Fn)（功能键），相邻的下一位数字闪烁；

（5）执行（2）~（4）步，直到显示出所要求的数值；

（6）按 (P)，退出参数数值的访问级。

提示：功能键也可以用于确认故障的发生。

2.4.5.5 主要参数设置

变频器主要参数设置见表 2-10。

表 2-10　变频器主要参数设置

序号	参数代号	设置值	说　　明
1	P0010	30	调出出厂设置参数
2	P0970	1	恢复出厂值
3	P0003	3	参数访问级
4	P0004	0	参数过滤器
5	P0010	1	快速调试
6	P0100	0	工频选择
7	P0304	380	电动机的额定电压
8	P0305	0.17	电动机的额定电流
9	P0307	0.03	电动机的额定功率
10	P0310	50	电动机的额定频率
11	P0311	1500	电动机的额定速度
12	P0700	2	选择命令源（外部端子控制）
13	P1000	1	选择频率设定值
14	P1080	0	电动机最小频率
15	P1082	50.00	电动机最大频率
16	P1120	2.00	斜坡上升时间
17	P1121	0.00	斜坡下降时间
18	P3900	1	结束快速调试
19	P0003	3	检查 P0003 是否为 3
20	P1040	30	频率设定

2.4.6　分拣单元的电气连接及编程

2.4.6.1　分拣单元 PLC 电气电路

流水线中各个单元之间的 PLC 协调是通过公共通信总线连接的。单元中都有一个 PLC 控制本单元的动作。各单元的元件，包括各个传感器、各个电磁阀，都已经实现分配好输入输出端口并连接至相应端口上。装配单元中各个信号与 PLC 连接时，只需要一根专用电缆即可实现快速连接。

分拣单元的输入输出端口分配如图 2-51 所示。

2.4.6.2　分拣单元编程

A　控制要求

入料口的传感器检测到工件后变频器随即启动，从而驱动传动电动机，把工件带入分拣区。一旦工件进入料槽，变频器即控制电机停止转动。

如果工件为白色，则该工件到达 1 号滑槽，传送带停止，工件被推到 1 号槽中；如果为黑色，旋转气缸旋转，工件被导入 2 号槽中。该过程需要通过光纤传感器的作用实现选择。

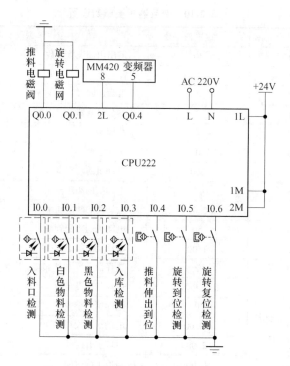

图 2-51　分拣单元 PLC 电气电路连接图

B　编写程序

完成西门子 PLC 相应编程软件的安装，根据控制要求，进行程序梯形图的编写。

C　下载调试

将编辑好的程序下载到 PLC 中去，调试通过，完成控制任务。

2.4.7　分拣单元实训操作

2.4.7.1　控制任务

（1）入料口的传感器检测到工件，发送信号给 PLC，并控制变频器随即启动，驱动电动机，把工件带入分拣区。

（2）一旦工件进入料槽，变频器即控制电机停止转动。

（3）光纤传感器用于检测物料颜色，要能够正确区分白色和黑色。

（4）控制实现不同颜色的物料进入不同的料槽。

（5）如果工件为白色，则该工件到达 1 号滑槽，传送带停止，工件被推到 1 号槽中；如果为黑色，旋转气缸旋转，工件被导入 2 号槽中。该过程需要通过光纤传感器的作用实现选择。

（6）当分拣槽对射传感器检测到有工件输入时，应向系统发出分拣完成信号。

2.4.7.2　编写工序图，编写程序梯形图

根据上述控制任务要求，先编写装配单元工序图，再编写相应的 PLC 梯形图程序。

2.4.7.3　下载程序及调试

将编写好的程序下载至 PLC 中运行，调试通过，完成控制任务，并记录下实验操作过程。

 练习题

（1）若光电传感器检测物料进入正常，但皮带不运转，分析可能产生这一现象的原因，并叙述检测过程及解决方法。

（2）推料气缸不能准确地将物料推入相应料槽内。分析可能产生这一现象的原因，并叙述检测过程及解决方法。

（3）总结检查气动连接、传感器接线、散射光电传感器、对射光电传感器、变频器接线、变频器设定的检测及故障排除方法。

任务 2.5　搬运单元的装配与调试

任务引入

搬运单元主要完成将物料搬运至各个单元，实现物料的搬运。

本单元由步进电机驱动器、直线导轨、四自由度搬运机械手、定位开关、行程开关、支架、机械零部件构成。

其工作流程为：当供料单元有物料送出，则移动气爪将物料夹起，搬运至加工单元，加工单元加工完成后，夹起物料，将物料搬运至装配单元，装配单元装配完成后，气爪夹起物料，搬运至分拣单元。至此一个工作循环完成。再进入下一个循环。如在工作过程中按下停止按钮，不会立即停止，而是待本工作循环结束返回原位后停止。其结构如图 2-52 所示。

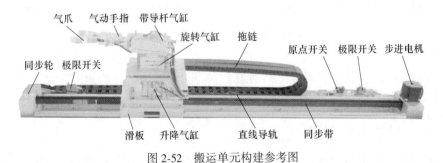

图 2-52　搬运单元构建参考图

相关知识：人机界面技术应用

人机界面（Human Machine Interface，HIM），又称用户界面。是指在操作人员和机器设备之间建立双向沟通的桥梁，是传递、交换信息的媒介和对话接口，使用者可以在屏幕上自由地组合文字、按钮、图形、数字等来处理或监控管理随时可能变化的信息。

在控制领域，人机界面一般特指用于操作人员与控制系统之间进行对话和互相作用的专用设备。人机界面可以在恶劣的工业环境中长时间连续运行，是 PLC 的最佳搭档。

2.5.1　触摸屏

触摸屏，是人机界面的发展方向，用户可以在触摸屏的屏幕上生成满足自己要求的触摸式按键。触摸屏使用直观方便，操作简易。可以取代 PLC 的输入按钮及指示灯等，降低系统成本，提高系统的附加价值，在现代工业自动化中得到普遍运用。

本自动化生产线实训设备选用 MT4500C 的触摸屏。

2.5.1.1　MT4000 触摸屏的接口

A　串行接口

MT4500C 的触摸屏属于 MT4000 系列触摸屏（简称 MT4000 触摸屏）。MT4000 触摸屏有两个串行接口，标记为 COM0、COM1。两个口分别为公头和母头，以方便区分。COM0 为 9 针公头，管脚定义如图 2-53 所示。

COM1 为 9 针母头，管脚图如图 2-54 所示。与 COM0 的区别仅在于 PCRXD，PCTXD 被换成了 PLC 232 连接的硬件流控 TRSPLC，CTSPLC，如图 2-54 所示。

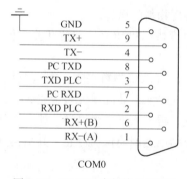

图 2-53　MT4000 串行接口 COM0

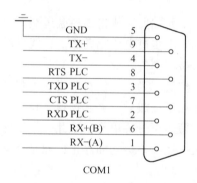

图 2-54　MT4000 串行接口 COM1

B　USB 接口

MT4000 提供了一个 USB 高速下载通道，它将大大加快下载的速度，且不需要预先知道目标触摸屏的 IP 地址。

2.5.1.2　EV5000 软件安装

（1）将 EV5000 软件光盘放入光驱，计算机将会自动运行安装程序，或者手动运行光盘目录［Setup. exe］。

（2）按向导提示，一路按下"下一步"。

（3）按下［完成］，软件安装完毕。

（4）要运行程序时，可以从菜单［开始］/［程序］/［eview］/［EV5000 _ UNICODE _ CHS］下找到相应的可执行程序，点击即可。

2.5.1.3 触摸屏设计方法及应用

下面通过制作一个最简单的工程来简单介绍一下如何用 EV5000 软件来编辑组态。

（1）安装好 EV5000 软件后，在［开始］/［程序］/［eview］/［EV5000 _ UNICODE _ CHS］下找到相应的可执行程序点击，打开触摸屏软件。

（2）点击菜单［文件］里的［新建工程］，这时将弹出如下对话框，输入所建工程的名称。也可以点"＞＞"来选择所建文件的存放路径。在这里命名为"test _ 01"。点击［建立］即可，如图 2-55 所示。

图 2-55 新建工程

（3）选择所需的通信连接方式，MT5000 支持串口、以太网连接，点击元件库窗口里的通信连接，选中所需的连接方式拖入工程结构窗口中即可，如图 2-56 所示。

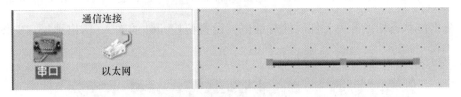

图 2-56 选择串口连接

（4）选择所需的触摸屏型号，将其拖入工程结构窗口。

（5）选择需要连线的 PLC 类型，拖入工程结构窗口里。如图 2-57 所示：适当移动 HMI 和 PLC 的位置，将连接端口靠近连接线的任意一端，就可以顺利把它们连接起来。注意：连接使用的端口号要与实际的物理连接一致。这样就成功地在 PLC 与 HMI 之间建立了连接。拉动 HMI 或者 PLC 检查连接线是否断开，如果不断开就表示连接成功。

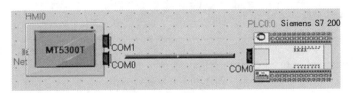

图 2-57 建立连接

（6）然后双击 HMI0 图标，就会弹出对话框：在此对话框中需要设置触摸屏的端口号。在弹出的［HMI 属性］框里切换到［串口 1 设置］，修改串口 1 的参数（如果 PLC 连接在 COM0，请切换到［串口 0 设置］，修改串口 0 的参数），如图 2-58 所示。

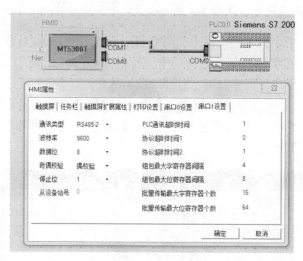

图 2-58　设置参数

（7）在工程结构窗口中，选中 HMI 图标，点击右键里的［编辑组态］，进入了组态窗口。

（8）在左边的 PLC 元件窗口里，轻轻点击图标 位状态切换开关，将其拖入组态窗口中放置，这时将弹出位状态切换开关元件属性对话框，设置位控元件的输入/输出地址，如图 2-59 所示。

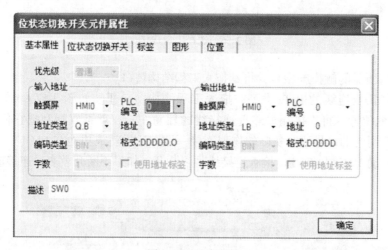

图 2-59　基本属性

（9）切换到［位状态切换开关］页，设定开关类型，这里设定为切换开关。

（10）切换到［标签］页，选中［使用标签］，分别在［内容］里输入状态 0、状态 1 相应的标签，并选择标签的颜色（可以修改标签的对齐方式，字号，颜色）。

（11）切换到［图形］页，选中［使用向量图］复选框，选择一个需要的图形。

（12）最后点［确定］关闭对话框，放置好的元件如图2-60所示。

（13）选择工具条上的［保存］，接着选择菜单［工具］/［编译］。如果编译没有错误，那么这个工程就做好了。

图 2-60　放置元件

（14）选择菜单［工具］/［离线模拟］/［仿真］，可以看到设置的开关在点击它时将可以来回切换状态，和真正的开关一模一样，如图 2-61 所示。

图 2-61　离线仿真

2.5.1.4　工程下载

MT4000 提供两种下载方式，分别为 USB 和串口。在下载和上传之前，要首先设置通信参数。通信参数的设置在菜单栏里的［工具］栏［设置选项］里，下载设备选择 USB。

第一次使用 USB 下载，要手动安装驱动。把 USB 一端连接到 PC 的 USB 接口上，一端连接触摸屏的 USB 接口，在触摸屏上电的条件下，会弹出安装信息，如图 2-62 所示。

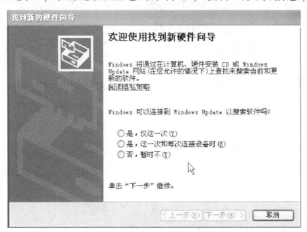

图 2-62　驱动安装

根据提示手动安装 USB 驱动。

选择菜单［工具］/［下载］。将做好的工程下载到触摸屏中。用通信电缆连接触摸屏与 PLC，进行相应设置即可使用。提供的本样例工程，设置西门子触摸屏采用 COM0 口，PLC 地址为 2。波特率为 9.6kbps。

任务实施

2.5.2 搬运单元的气动控制回路分析及仿真

2.5.2.1 气动控制回路分析

气动控制系统是本工作单元的执行机构，该执行机构的逻辑控制功能是由 PLC 实现的，如图 2-63 所示。

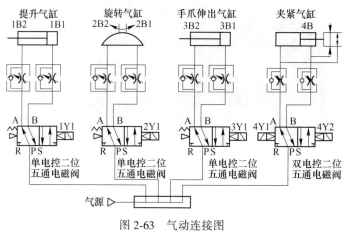

图 2-63 气动连接图

2.5.2.2 气动控制回路仿真设计

Festo 公司的 FluidSIM-P 软件可以用于液压回路和气动回路的设计，完成绘制后，还可以进行测试和模拟仿真，能够显示回路工作过程实际控制的动作，使学生逐步地解决回路问题，从而最终实现控制的动作要求。

2.5.3 搬运单元的电气连接及编程

2.5.3.1 搬运单元 PLC 电气电路

流水线中各个单元之间的 PLC 协调是通过公共通信总线连接的。单元中都有一个 PLC 控制本单元的动作。各单元的元件，包括各个传感器、各个电磁阀，都已经实现分配好输入输出端口并连接至相应端口上。搬运单元中各个信号与 PLC 连接时，只需要一根专用电缆即可实现快速连接。

搬运单元的输入输出端口分配如图 2-64 所示。

2.5.3.2 搬运单元编程

A 控制要求

当系统通电后，按动复位按钮，搬运气爪自动执行复位动作，即气爪沿直线导轨移动至供料单元前，旋转工作台旋转到位。

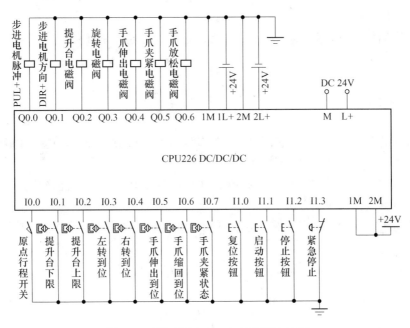

图 2-64 搬运单元 PLC 电气电路连接图

搬运单元将供料单元的物料拌匀至各个站，至分拣单元结束，至此一个工作循环完成。再进入下一个循环。如在一个工作循环中按下停止按钮，不会立即停止，而是待本工作循环结束，返回原位后停止。在启动前，搬运单元所有执行机构必须处于初始位置，否则不能启动。启动前，搬运单元不在初始位置或无法回复至初始位置时，警示灯红灯亮，系统不允许搬运单元启动。

B 编写程序

完成西门子 PLC 相应编程软件的安装，根据控制要求，进行程序梯形图的编写。

C 下载调试

将编辑好的程序下载到 PLC 中去，调试通过，完成控制任务。

2.5.4 搬运单元实训操作

A 控制任务

(1) 搬运单元将供料单元的物料拌匀至各个站，至分拣单元结束，至此一个工作循环完成。再进入下一个循环。

(2) 如在一个工作循环中按下停止按钮，不会立即停止，而是待本工作循环结束，返回原位后停止。

(3) 在启动前，搬运单元所有执行机构必须处于初始位置，否则不能启动。

(4) 启动前，搬运单元不在初始位置或无法回复至初始位置时，警示灯红灯亮，系统不允许搬运单元启动。

B 编写工序图，编写程序梯形图

根据上述控制任务要求，先编写搬运单元工序图，再编写相应的 PLC 梯形图程序。

C　下载程序及调试

将编写好的程序下载至 PLC 中运行，调试通过，完成控制任务，并记录下实验操作过程。

 练习题

（1）如果搬运机械手在运动过程中出现旋转不到位现象，分析可能产生这一现象的原因，并叙述检测过程及解决方法。

（2）若变频器在工作过程中产生报警，并且皮带不动，分析可能产生这一现象的原因，并叙述检测过程及解决方法。

（3）搬运机械手抬起高度不够，分析可能产生这一现象的原因，并叙述检测过程及解决方法。

（4）如果系统在运行过程中出现意外情况要如何处理？

项目 3 自动化生产线关键技术及应用

项目 3 课件

学习目标：

(1) 掌握对分拣单元模块进行 PLC 编程；

(2) 掌握 PLC 向导模式对步进电机的控制；

(3) 掌握 PLC 运用 PTO 手动编程的编程及调试方法；

(4) 掌握 PLC 及触摸屏联合组态的编程控制方法及调试；

(5) 掌握相应工作站机器人程序的编写；

(6) 掌握依据技术文件，完成工作站的机械、电气、气路安装。

任务 3.1 PLC 控制变频器调速

3.1.1 MM440 变频器的电气连接及参数设定

任务提出

完成 MM440 变频器的电气连接及基本参数设置操作。

相关知识

扫码看微课

3.1.1.1 MICROMASTER 440 通用型变频器

MICROMASTER 440（简称 MM440）是用于控制三相交流电动机速度的变频器系列，有多款型号可供选择。

变频器 MM440 系列是德国西门子公司广泛应用于工业场合的多功能标准变频器。它采用高性能的矢量控制技术，提供低速高转矩输出和良好的动态特性，同时具备超强的过载能力，以满足广泛的应用场合。对于变频器的应用，必须首先熟练对变频器的面板操作，以及根据实际应用，对变频器的各种功能参数进行设置。

该变频器由微处理器控制，并采用绝缘栅双极型晶体管（IGBT）作为功率输出器件。因此，它们具有很高的运行可靠性和功能的多样性。其脉冲宽度调制的开关频率是可选的，因而降低了电动机运行的噪声。全面而完善的保护功能为变频器和电动机提供了良好的保护。

该变频器具有全面而完善的控制功能，在设置相关参数以后，它可以单独使用，也可用于更高级的电机控制系统。

西门子变频器及其应用 MM440 采用现代先进技术的矢量控制系统，以保证传动装置在出现突加负载时仍然具有很高的品质。变频器内置有制动斩波器，在制动时即使斜坡函数曲线的下降时间很短，仍然能够达到非常好的定位精度。全面而完全的保护功能为变频器和电动机提供了良好的保护。

3.1.1.2　变频器面板的操作

利用变频器的操作面板和相关参数设置，即可实现对变频器的某些基本操作如正反转、点动等运行。变频器面板的介绍及按键功能可以参照系统手册。

3.1.1.3　基本操作面板修改设置参数的方法

MM440 在缺省设置时，用 BOP 控制电动机的功能是被禁止的。如果要用 BOP 进行控制，参数 P0700 应设置为 1，参数 P1000 也应设置为 1。用基本操作面板（BOP）可以修改任何一个参数。修改参数的数值时，BOP 有时会显示"busy"，表明变频器正忙于处理优先级更高的任务。下面就以设置 P1000 = 1 的过程为例，来介绍通过基本操作面板（BOP）修改设置参数的流程，见表 3-1。

表 3-1　基本操作面板（BOP）修改设置参数流程

	操作步骤	BOP 显示结果
1	按 **P** 键，访问参数	r0000
2	按 **▲** 键，直到显示 P1000	P1000
3	按 **P** 键，直到显示 in000，即 P1000 的第 0 组值	in000
4	按 **P** 键，显示当前值 2	2
5	按 **▼** 键，达到所要求的值 1	1
6	按 **P** 键，存储当前设置	P1000
7	按 **Fn** 键，显示 r0000	r0000
8	按 **P** 键，显示频率	50.00

任务实施

变频器应安装的位置应满足一定的环境条件：在常温温度下，空气相对湿度不大于 95%。同时避免剧烈冲击和振动，避免靠近电磁辐射源。

MM440 变频器的电气安装由主电路和控制电路组成，其电气连接如图 3-1 所示。

MM440 是用于控制三相交流电动机速度的变频器系列。该系列有多种型号，额定功率从 120W 到 200kW，或者可以达到 250kW，供用户选用。

其主要技术参数如下：

（1）电源电压，单相为 200（1±10%）V ~ 240（1±10%）V；

（2）输入频率，47 ~ 63Hz；

（3）输出频率，0 ~ 650Hz；

（4）功率因数，0.98；

（5）15 个可编程固定频率；

（6）4 个可编程跳转频率；

（7）设定值的分辨率，0.01Hz 数字输入，0.01Hz 串行通信的输入，10 位二进制模拟输入（电动电位计 0.1Hz）；

（8）6 个可编程数字输入；

（9）2 个可编程模拟输入；

（10）3 个可编程继电器输出；

（11）2 个可编程模拟输出；

（12）1 个 RS485 串行接口；

（13）直流注入制动，复合制动。

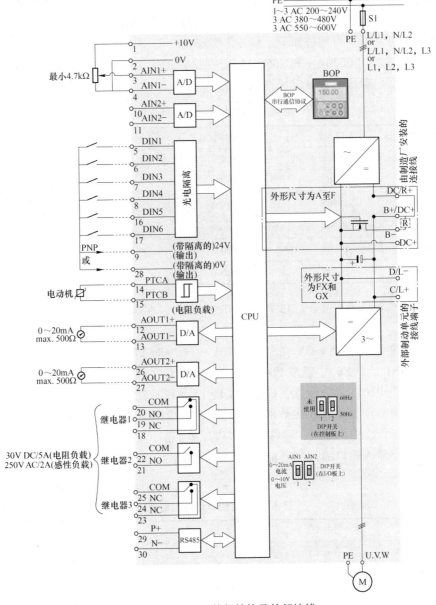

图 3-1　MM440 外部结构及外部接线

3.1.2 MM440 变频器与 PLC 的多段速控制设置训练

任务提出

由于现场工艺上的要求，很多生产机械在不同的转速下运行。为方便这种负载，大多数变频器提供了多挡频率控制功能。用户可以通过几个开关的通、断组合来选择不同的运行频率，实现不同转速下运行的目的。

相关知识

多段速功能，也称作固定频率，是变频器能够实现的功能之一。对于 MM440 变频器来说，就是设置参数 P1000＝3 的条件下，用开关量端子选择固定频率的组合，实现电机多段的速度运行切换。可通过如下三种方法实现。

（1）直接选择（P0701－P0706＝15）。在这种操作方式下，一个数字输入选择一个固定频率，端子与参数设置对应见表 3-2。

表 3-2 端子与参数设置对应表

端子编号	对应参数	对应频率设置值	说　明
5	P0701	P1001	
6	P0702	P1002	
7	P0703	P1003	（1）频率给定源 P1000 必须设置为 3。
8	P0704	P1004	（2）当多个选择同时激活时，选定的频率是它们的总和
16	P0705	P1005	
17	P0706	P1006	

（2）直接选择＋ON 命令（P0701－P0706＝16）。在这种操作方式下，数字量输入既选择固定频率，又具备启动功能。

（3）二进制编码选择＋ON 命令（P0701－P0704＝17）。MM440 变频器的六个数字输入端口（DIN1 至 DIN6），通过 P0701 至 P0706 设置实现多频段控制。每一频段的频率分别由 P1001 至 P1015 参数设置，最多可实现 15 频段控制。在多频段控制中，电动机的转速方向是由 P1001 至 P1015 参数所设置的频率正负决定的。六个数字输入端口，哪一个作为电动机运行、停止控制，哪些作为多段频率控制，是可以由用户任意确定的，一旦确定了某一数字输入端口的控制功能，其内部的参数设置值必须与端口的控制功能相对应，见表 3-3。

表 3-3 固定频率选择对应表

频率设定	DIN4	DIN3	DIN2	DIN1
P1001	0	0	0	1
P1002	0	0	1	0
P1003	0	0	1	1

频率设定	DIN4	DIN3	DIN2	DIN1
P1004	0	1	0	0
P1005	0	1	0	1
P1006	0	1	1	0
P1007	0	1	1	1
P1008	1	0	0	0
P1009	1	0	0	1
P1010	1	0	1	0
P1011	1	0	1	1
P1012	1	1	0	0
P1013	1	1	0	1
P1014	1	1	1	0
P1015	1	1	1	1

任务实施

3.1.2.1 任务内容

实现三段固定频率控制, 连接线路, 设置功能参数, 操作三段固定速度运行。

3.1.2.2 训练工具、材料和设备

西门子 MM440 变频器一台、三相异步电动机一台、断路器一个、熔断器三个、自锁按钮四个、导线若干、通用电工工具一套等。

3.1.2.3 操作方法和步骤

A 按要求接线

连接电路, 检查线路正确后, 合上变频器电源空气开关 QS, 如图 3-2 所示。

B 参数设置

(1) 恢复变频器工厂缺省值, 设定 P0010 = 30, P0970 = 1。按下 "P" 键, 变频器开始复位到工厂缺省值。

(2) 设置电动机参数。电动机参数设置完成后, 设 P0010 = 0, 变频器当前处于准备状态, 可正常运行, 见表 3-4。

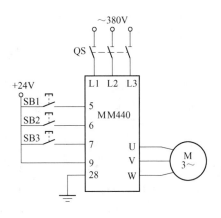

图 3-2 三段固定频率控制接线图

表 3-4 电动机参数设置

参数号	出厂值	设置值	说　明
P0003	1	1	设用户访问级为标准级
P0010	0	1	快速调试
P0100	0	0	工作地区：功率单位为 kW，频率为 50Hz
P0304	230	380	电动机额定电压（V）
P0305	3.25	0.95	电动机额定电流（A）
P0307	0.75	0.37	电动机额定功率（kW）
P0308	0	0.8	电动机额定功率因数（$\cos\varphi$）
P0310	50	50	电动机额定频率（Hz）
P03111	0	2800	电动机额定转速（r/min）

（3）设置变频器三段固定频率控制参数，见表 3-5。

表 3-5 变频器三段固定频率控制参数设置

参数号	出厂值	设置值	说　明
P0003	1	1	设用户访问级为标准级
P0004	0	7	命令和数字 L/O
P0700	2	2	命令源选择由端子排输入
P0003	1	2	设用户访问级为拓展级
P0004	0	7	命令和数字 L/O
P0701	1	17	选择固定频率
P0702	1	17	选择固定频率
P0703	1	1	ON 接通正转，OFF 停止
P0003	1	1	设用户访问级为标准级
P0004	2	10	设定值通道和斜坡函数发生器
P1000	2	3	选择固定频率设定值
P0003	1	2	设用户访问级为拓展级
P0004	0	10	设定值通道和斜坡函数发生器
P1001	0	20	选择固定频率 1（Hz）
P1002	5	30	选择固定频率 2（Hz）
P1003	10	50	选择固定频率 3（Hz）

C　变频器运行操作

当按下 SB1 时，数字输入端口"7"为"ON"，允许电动机运行。

（1）第 1 频段控制。当 SB1 按钮开关接通、SB2 按钮开关断开时，变频器数字输入端口"5"为"ON"，端口"6"为"OFF"，变频器工作在由 P1001 参数所设定的频率为 20Hz 的第 1 频段上。

（2）第 2 频段控制。当 SB1 按钮开关断开，SB2 按钮开关接通时，变频器数字输入端口"5"为"OFF"，"6"为"ON"，变频器工作在由 P1002 参数所设定的频率为 30Hz 的第 2 频段上。

（3）第 3 频段控制。当按钮 SB1、SB2 都接通时，变频器数字输入端口"5""6"均为"ON"，变频器工作在由 P1003 参数所设定的频率为 50Hz 的第 3 频段上。

（4）电动机停车。当 SB1、SB2 按钮开关都断开时，变频器数字输入端口"5""6"均为"OFF"，电动机停止运行。或在电动机正常运行的任何频段，将 SB3 断开使数字输入端口"7"为"OFF"，电动机也能停止运行。

注意的问题：3 个频段的频率值可根据用户要求对 P1001、P1002 和 P1003 参数来修改。当电动机需要反向运行时，只要将相对应频段的频率值设定为负就可以实现。

3.1.3　分拣单元 MM440 变频器与 PLC 的控制设置训练

任务提出

分拣单元主要完成物料的自动分类。变频器完成对皮带的控制，当检测有物料进入时，皮带开始带动物料向前，当物料进入料槽后，皮带停止转动。

相关知识

在上文中所描述的多段速控制方式中，其都具有各自的特点。其中，直接选择方式对于原绕线式电阻调速的控制方式进行了充分的考虑，能够使工作人员不对原有操作习惯进行变更的情况下对控制功能进行了良好的实现，具有更为稳定、简便以及成熟的特点。而对于二进制编码控制方式来说，其同直接选择式相比则具有更为灵活的控制特点，对于需要经常变动点动频率的场合则可以通过 MM440 输入端口同二进制命令的传输对多段速控制功能进行了实现，而如果此场合不需要进行过多的点动，则还能够将其中的 5、6 端口用于其他功能的实现。经过以上对两者之间的分析能够使我们认识到，如果该场合不需要进行强化点动控制，那么则可以选择直接选择控制方式，因为对于该种控制方式来说，其能够将电机启动控制区同频率给定进行良好的分隔，具有更为可靠的控制特点。

其中可以看出可以利用输入端子对应设置频率的方法来实现电机控制。比如端子 5，对应参数为 P0701，对应频率设置值为 P1001。可以通过控制单个端子的输入来控制电机的启停。

任务实施

3.1.3.1　变频器主要参数设置

变频器的设置要符合电机运行参数，针对不同电机设置不同参数，本节使用三相异步电机带动皮带，根据异步电机参数进行表 3-6 中的设置。

表 3-6　参数设置表

序号	参数代号	设置值	说　　明
1	P0010	30	调出出厂设置参数

序号	参数代号	设置值	说　　　明
2	P0970	1	恢复出厂值
3	P0003	3	参数访问级
4	P0004	0	参数过滤器
5	P0010	1	快速调试
6	P0100	0	工频选择
7	P0304	380	电动机的额定电压
8	P0305	0.17	电动机的额定电流
9	P0307	0.03	电动机的额定功率
10	P0310	50	电动机的额定频率
11	P0311	1500	电动机的额定速度
12	P0700	2	选择命令源（外部端子控制）
13	P1000	1	选择频率设定值
14	P1080	0	电动机最小频率
15	P1082	50.00	电动机最大频率
16	P1120	2.00	斜坡上升时间
17	P1121	0.00	斜坡下降时间
18	P3900	1	结束快速调试
19	P0003	3	检查 P0003 是否为 3
20	P1040	30	频率设定

3.1.3.2　分拣单元 PLC 电气电路

根据电气电路连接图连接电气回路，如图 3-3 所示。

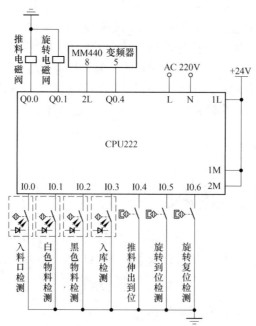

图 3-3　分拣单元 PLC 电气电路连接图

练习题

（1）变频器的功能特点包括无级调速、_____、_____、_____。

（2）简述变频器的工作原理。

（3）变频器设置或修改变频器输出频率值的方法有哪些？

（4）变频器输出频率中启动频率的含义是什么？

任务 3.2　PLC 对步进电动机的控制

扫码看微课

3.2.1　单段 PTO 对步进电机控制的连接及调试

任务提出

在实际工业生产过程中，经常会需要对步进电机或伺服电机进行控制，而驱动信号必须为脉冲信号。为此，西门子 S7-200PLC 预留了 Q0.0 和 Q0.1，可供选用，用于输出高速脉冲。本任务要求按下点动按钮，步进电机以 50r/min 的速度运行。按下停止按钮，步进电机停止。

相关知识

3.2.1.1　PTO 参数的设置

A　脉冲输出（PLS）指令

脉冲输出（PLS）指令如图 3-4 所示，其功能为：使能 EN 有效时，检查用于脉冲输出（Q0.0 或 Q0.1）的特殊存储器位（SM），然后执行特殊存储器位定义的脉冲操作。其中 Q0.X 中的 X=0 或 X=1，即选用 Q0.0 或 Q0.1 作为脉冲输出端口。数据类型为字类型。

B　用于脉冲输出（Q0.0 或 Q0.1）的特殊存储器

a　控制字节和参数的特殊存储器

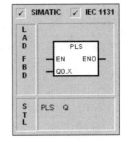

图 3-4　PLS 指令

每个 PTO/PWM 发生器都有：一个控制字节（8 位）、一个脉冲计数值（无符号的 32 位数值）和一个周期时间和脉宽值（无符号的 16 位数值）。这些值都放在一系列特定的特殊存储区（SM）中，见表 3-7。执行 PLS 指令时，S7-200 西门子 PLC 读这些特殊存储器位（SM），然后执行特殊存储器位定义的脉冲操作，即对相应的 PTO/PWM 发生器进行编程。PTO/PWM 输出的控制字节的定义见表 3-7~表 3-12。

表 3-7　Q0.0 和 Q0.1 对 PTO/PWM 输出的控制字节

Q0.0	Q0.1	说　明	
SM67.0	SM77.0	PTO/PWM 刷新周期值	0：不刷新；1：刷新

Q0.0	Q0.1	说　　明	
SM67.1	SM77.1	PWM 刷新脉冲宽度值	0：不刷新；1：刷新
SM67.2	SM77.2	PTO 刷新脉冲计数值	0：不刷新；1：刷新
SM67.3	SM77.3	PTO/PWM 时基选择	0：1μs；1：1ms
SM67.4	SM77.4	PWM 更新方法	0：异步更新；1：同步更新
SM67.5	SM77.5	PTO 操作	0：单段操作；1：多段操作
SM67.6	SM77.6	PTO/PWM 模式选择	0：选择 PTO；1：选择 PWM
SM67.7	SM77.7	PTO/PWM 允许	0：禁止；1：允许

表 3-8　Q0.0 和 Q0.1 对 PTO/PWM 输出的周期值

Q0.0	Q0.1	说　　明
SMW68	SMW78	PTO/PWM 周期时间值（范围：2~65535）

表 3-9　Q0.0 和 Q0.1 对 PTO/PWM 输出的脉宽值

Q0.0	Q0.1	说　　明
SMW70	SMW80	PWM 脉冲宽度值（范围：0~65535）

表 3-10　Q0.0 和 Q0.1 对 PTO 脉冲输出的计数值

Q0.0	Q0.1	说　　明
SMD72	SMD82	PTO 脉冲计数值（范围：1~4294967295）

表 3-11　Q0.0 和 Q0.1 对 PTO 脉冲输出的多段操作

Q0.0	Q0.1	说　　明
SMB166	SMB176	段号（仅用于多段 PTO 操作），多段流水线 PTO 运行中的段的编号
SMW168	SMW178	包络表起始位置，用距离 V0 的字节偏移量表示（仅用于多段 PTO 操作）

表 3-12　Q0.0 和 Q0.1 的状态位

Q0.0	Q0.1	说　　明	
SM66.4	SM76.4	PTO 包络由于增量计算错误异常终止	0：无错；1：异常终止
SM66.5	SM76.5	PTO 包络由于用户命令异常终止	0：无错；1：异常终止
SM66.6	SM76.6	PTO 流水线溢出	0：无溢出；1：溢出
SM66.7	SM76.7	PTO 空闲	0：运行中；1：PTO 空闲

举个简单的例子，设置控制字节。用 Q0.0 作为高速脉冲输出，对应的控制字节为 SMB67，如果希望定义的输出脉冲操作为 PTO 操作，允许脉冲输出，多段 PTO 脉冲串输出，时基为 ms，设定周期值和脉冲数，则应向 SMB67 写入 2#10101101，即 16#AD。

通过修改脉冲输出（Q0.0 或 Q0.1）的特殊存储器 SM 区（包括控制字节），即更改 PTO 或 PWM 的输出波形，然后再执行 PLS 指令。

注意：所有控制位、周期、脉冲宽度和脉冲计数值的默认值均为零。向控制字节

（SM67.7 或 SM77.7）的 PTO/PWM 允许位写入零，然后执行 PLS 指令，将禁止 PTO 或 PWM 波形的生成。

b　状态字节的特殊存储器

除了控制信息外，还有用于 PTO 功能的状态位，见表 3-12。程序运行时，根据运行状态使某些位自动置位。可以通过程序来读取相关位的状态，用此状态作为判断条件，实现相应的操作。

C　对输出的影响

PTO/PWM 生成器和输出映像寄存器共用 Q0.0 和 Q0.1。在 Q0.0 或 Q0.1 使用 PTO 或 PWM 功能时，PTO/PWM 发生器控制输出，并禁止输出点的正常使用，输出波形不受输出映像寄存器状态、输出强制、执行立即输出指令的影响；在 Q0.0 或 Q0.1 位置没有使用 PTO 或 PWM 功能时，输出映像寄存器控制输出，所以输出映像寄存器决定输出波形的初始和结束状态，即决定脉冲输出波形从高电平或低电平开始和结束，使输出波形有短暂的不连续，为了减小这种不连续有害影响，应注意：

（1）可在启用 PTO 或 PWM 操作之前，将用于 Q0.0 和 Q0.1 的输出映像寄存器设为 0；

（2）PTO/PWM 输出必须至少有 10% 的额定负载，才能完成从关闭至打开以及从打开至关闭的顺利转换，即提供陡直的上升沿和下降沿。

D　PTO 的使用

PTO 是可以指定脉冲数和周期的占空比为 50% 的高速脉冲串的输出。状态字节中的最高位（空闲位）用来指示脉冲串输出是否完成。可在脉冲串完成时启动中断程序，若使用多段操作，则在包络表完成时启动中断程序。

a　周期和脉冲数

周期范围从 $50 \sim 65535\mu s$ 或从 $2 \sim 65535 ms$，为 16 位无符号数，时基有 μs 和 ms 两种，通过控制字节的第三位选择。注意：

（1）如果周期小于 2 个时间单位，则周期的默认值为 2 个时间单位；

（2）周期设定奇数微秒或毫秒（例如 75ms），会引起波形失真；

（3）脉冲计数范围从 $1 \sim 4294967295$，为 32 位无符号数，如设定脉冲计数为 0，则系统默认脉冲计数值为 1。

b　PTO 的种类及特点

PTO 功能可输出多个脉冲串，现用脉冲串输出完成时，新的脉冲串输出立即开始。这样就保证了输出脉冲串的连续性。PTO 功能允许多个脉冲串排队，从而形成流水线。流水线分为两种：单段流水线和多段流水线。

单段流水线是指流水线中每次只能存储一个脉冲串的控制参数，初始 PTO 段一旦启动，必须按照第二个波形的要求立即刷新 SM，并再次执行 PLS 指令，第一个脉冲串完成，第二个波形输出立即开始，重复这一步骤可以实现多个脉冲串的输出。

单段流水线中的各段脉冲串可以采用不同的时间基准，但有可能造脉冲串之间的不平稳过渡。输出多个高速脉冲时，编程复杂。

多段流水线是指在变量存储区 V 建立一个包络表。包络表存放每个脉冲串的参数，执行 PLS 指令时，S7-200PLC 自动按包络表中的顺序及参数进行脉冲串输出。包络表中每段脉冲串的参数占用 8 个字节，由一个 16 位周期值（2 字节）、一个 16 位周期增量值 Δ（2 字节）和一个 32 位脉冲计数值（4 字节）组成。包络表的格式见表 3-13。

表 3-13　包络表的格式

从包络表起始地址的字节偏移	段	说　　明
VBn		段数（1~255）；数值 0 产生非致命错误，无 PTO 输出
VBn+1	段 1	初始周期（2~65535 个时基单位）
VBn+3		每个脉冲的周期增量 Δ（符号整数：-32768~32767 个时基单位）
VBn+5		脉冲数（1~4294967295）
VBn+9	段 2	初始周期（2~65535 个时基单位）
VBn+11		每个脉冲的周期增量 Δ（符号整数：-32768~32767 个时基单位）
VBn+13		脉冲数（1~4294967295）
VBn+17	段 3	初始周期（2~65535 个时基单位）
VBn+19		每个脉冲的周期增量值 Δ（符号整数：-32768~32767 个时基单位）
VBn+21		脉冲数（1~4294967295）

注：周期增量值 Δ 为整数微秒或毫秒。

　　多段流水线的特点是编程简单，能够通过指定脉冲的数量自动增加或减少周期，周期增量值 Δ 为正值会增加周期，周期增量值 Δ 为负值会减少周期，若 Δ 为零，则周期不变。在包络表中的所有的脉冲串必须采用同一时基，在多段流水线执行时，包络表的各段参数不能改变。多段流水线常用于步进电机的控制。

[任务实施]

3.2.1.2　步进电机及驱动器设置及连接

A　三相步进电机驱动器的主要参数

供电电压：直流 18~50V；输出相电流：1.5~6.0A；控制信号输入电流：6~20mA。

B　步进电机接线

应用 PLS 指令实现步进电机控制，如图 3-5 所示，图中 PLC 输出端 Q0.0 发出脉冲，通过 2kΩ(0.5W) 的限流电阻接入 PUL+端，脉冲频率与步进电机转速成正比。输出端 Q0.1 通过限流电阻接入 DIR+端。关于限流电阻的阻值，24V DC 常常接入 2kΩ 限流电阻，12V DC 常常接入 1kΩ 限流电阻，5V DC 常常不接电阻。

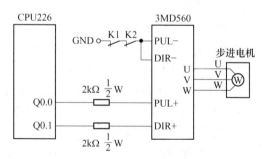

图 3-5　步进电机接线图

C　参数设定

在驱动器的侧面连接端子中间有蓝色的六位 SW 功能设置开关，用于设定电流和细分。西门子主机电流设定为 5.2A，细分设定为 10000，见表 3-14 和表 3-15。

表 3-14 参数设定表（1）

序号	SW1	SW2	SW3	SW4	电流/A
1	OFF	OFF	OFF	OFF	1.5
2	ON	OFF	OFF	OFF	1.8
3	OFF	ON	OFF	OFF	2.1
4	ON	ON	OFF	OFF	2.3
5	OFF	OFF	ON	OFF	2.6
6	ON	OFF	ON	OFF	2.9
7	OFF	ON	ON	OFF	3.2
8	ON	ON	ON	OFF	3.5
9	OFF	OFF	OFF	ON	3.8
10	ON	OFF	OFF	ON	4.1
11	OFF	ON	OFF	ON	4.4
12	ON	ON	OFF	ON	4.6
13	OFF	OFF	ON	ON	4.9
14	ON	OFF	ON	ON	5.2
15	OFF	ON	ON	ON	5.5
16	ON	ON	ON	ON	6.0

表 3-15 参数设定表（2）

序号	SW1	SW2	SW3	细分
1	ON	ON	ON	200
2	OFF	ON	ON	400
3	ON	OFF	ON	500
4	OFF	OFF	ON	1000
5	ON	ON	OFF	2000
6	OFF	ON	OFF	4000
7	ON	OFF	OFF	5000
8	OFF	OFF	OFF	10000

3.2.1.3 PLC 对步进电机的控制编程

根据控制线路编写步进电机控制程序，程序工作原理如图 3-6 所示。

将步进电机的 PTO 参数赋值如图 3-7 所示，设定 Q0.0 作为脉冲输出端口，如图 3-8 所示。

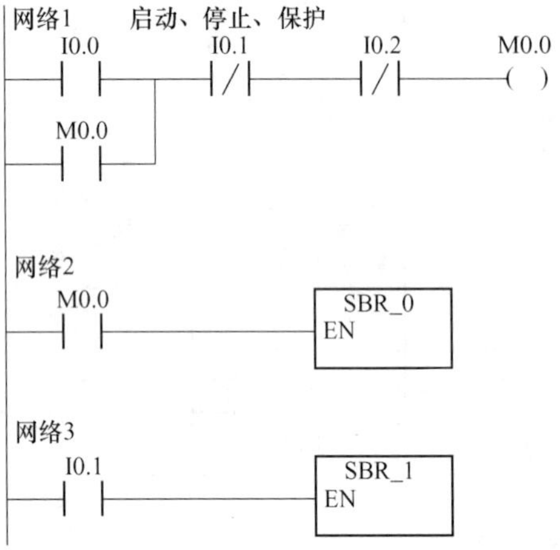

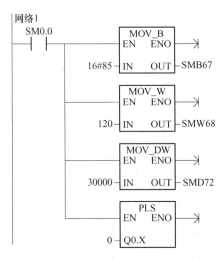

图 3-6　步进电机控制主程序　　　　　　图 3-7　步进电机控制子程序 SBR_0

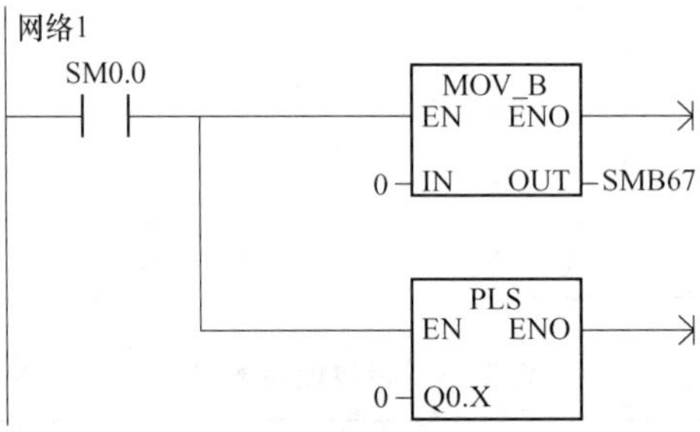

图 3-8　步进电机控制子程序 SBR_1

3.2.2　加工单元 PLC 对步进电机控制的连接及调试

任务提出

物料进入加工单元后，物料台夹紧物料，通过滚珠丝杆将物料运送至龙门正下方，而后钻头从原点运行至物料正上方。

任务实施

主程序初始化后开始执行，定义 X 方向上 Q0.0 为高速脉冲输出口，Q0.2 连接步进电机 DIR+；Y 方向上 Q0.1 为高速脉冲输出口，Q0.3 连接步进电机 DIR+。

用一个子程序实现 PTO 初始化，首次扫描（SM0.1）时从主程序调用初始化子程序，执行初始化操作。以后的扫描不再调用该子程序，这样减少扫描时间，程序结构更好。

初始化操作步骤如下：

（1）首次扫描（SM0.1）时将输出 Q0.0（或 Q0.1）清零，并调用完成初始化操作的子程序。

（2）在初始化子程序中，根据控制要求设置控制字并写入 SMB67（或 SMB77）特殊存储器。如写入 16#A5，两个数值表示允许 PTO 功能、选择 PTO 操作、选择多段操作及选择时基（μs 或 ms）。

（3）将包络表的首地址（16 位）写入在 SMW168（或 SMW178）。

（4）在变量存储器 V 中，写入包络表的各参数值。一定要在包络表的起始字节中写入段数。在变量存储器 V 中建立包络表的过程也可以在一个子程序中完成，在此只需调用设置包络表的子程序。

（5）设置中断事件并全局开中断。如果想在 PTO 完成后，立即执行相关功能，则需设置中断，将脉冲串完成事件（中断事件号 19）连接一中断程序。

（6）执行 PLS 指令，使 S7-200 为 PTO/PWM 发生器编程，高速脉冲串由 Q0.0（或 Q0.1）输出。

（7）退出子程序。

主程序和子程序如图 3-9~图 3-11 所示。

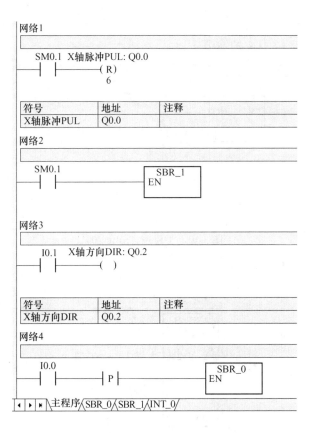

图 3-9　主程序

网络1

3段。共9600脉冲数。

SM0.0

```
       MOV_B
      EN  ENO
   3 ─ IN   OUT ─ VB500
```

```
       MOV_W                    MOV_W                    MOV_DW
      EN  ENO                  EN  ENO                  EN  ENO
+1500 ─ IN   OUT ─ VW501   -2 ─ IN   OUT ─ VW503   +150 ─ IN   OUT ─ VD505
```

```
       MOV_W                    MOV_W                    MOV_DW
      EN  ENO                  EN  ENO                  EN  ENO
+1200 ─ IN   OUT ─ VW509   +0 ─ IN   OUT ─ VW511   95800 ─ IN   OUT ─ VD513
```

```
       MOV_W                    MOV_W                    MOV_DW
      EN  ENO                  EN  ENO                  EN  ENO
+1200 ─ IN   OUT ─ VW517   +5 ─ IN   OUT ─ VW519   50 ─ IN   OUT ─ VD521
```

网络2

SM0.0

```
        MOV_B
       EN  ENO
16#A5 ─ IN   OUT ─ SMB67
```

```
        MOV_W
       EN  ENO
 +500 ─ IN   OUT ─ SMW168
```

```
        PLS
       EN  ENO
   0 ─ Q0.X
```

图 3-10　子程序（SBR_0）

网络1

SM0.0

```
        MOV_B
       EN  ENO
   0 ─ IN   OUT ─ SMB67
```

```
        PLS
       EN  ENO
   0 ─ Q0.X
```

图 3-11　子程序（SBR_1）

练习题

（1）如果使用 Q0.1 输出脉冲串，加工单元 PLC 控制步进电机应如何修改？

（2）PTO 输出脉冲串的最高频率是多少？

（3）使用电源 24V DC，通常接多大的限流电阻？12V DC 或 5V DC，又接多大阻值的电阻？

（4）步进电机的运行速度是如何来计算的？如何控制实现 50r/min 的运行速度？

任务 3.3　PLC、触摸屏的组合应用

扫码看微课

3.3.1　触摸屏编辑软件的安装和使用

任务提出

掌握步科 MT4500T 触摸屏组态的方法。

任务实施

设备选用步科 MT4500T 触摸屏。为了编辑该触摸屏，选择 EV5000 作为触摸屏组态软件。

组态软件是运行于 PC 硬件平台、Windows 操作系统下的一个通用工具软件产品，是一个使用户能够快速建立自己的 HMI 软件的工具。

3.3.1.1　软件安装

打开 EV5000 软件包，点击根目录下［autorun.exe］，屏幕显示如图 3-12 所示，点击"随机软件"开始安装。

图 3-12　软件安装初始界面

直到软件安装完成。如果要运行组态编辑软件，可以从菜单［开始］/［程序］/［eview］/［EV5000 _ UNICODE _ CHS］下找到相应的可执行程序即可。或者从桌面双击图标 ⚙ EV5000 CHS.exe 打开，如图 3-13 所示。

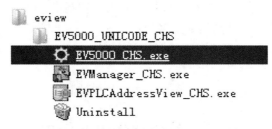

图 3-13　打开软件

双击图标打开后，进入组态软件主界面。

3.3.1.2　新建一个工程

点击菜单［文件］里的［新建工程］，这时将弹出如下对话框，输入想建立工程的名称。也可以点击">>"来选择您所建文件的存放路径。在这里命名为"test _ 01"，点击［建立］即可，如图 3-14 所示。

图 3-14　新建工程

到此为止，建立起了一个新的工程。

3.3.2　多段 PTO 对步进电机控制的连接及调试

　任务提出

通过多段 PTO 实现对步进电机的控制。

　相关知识

步进电机的控制要求如图 3-15 所示。从 A 点到 B 点为加速过程，从 B 到 C 为恒速运行，从 C 到 D 为减速过程。

根据控制要求列出 PTO 包络表。

此过程中动作可以分为三段，需建立三段脉冲的包络表。起始和终止脉冲频率为 2kHz，最大

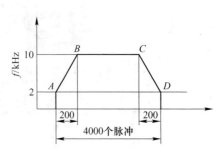

图 3-15　步进电机的控制要求

脉冲频率为 10kHz，所以起始和终止周期为 500μs，最大频率的周期为 100μs。1 段：加速运行，应在约 200 个脉冲时达到最大脉冲频率；2 段：恒速运行，约 4000-200-200=3600 个脉冲；3 段：减速运行，应在约 200 个脉冲时完成。

某一段每个脉冲周期增量值 Δ 用下式确定：

$$周期增量值\ \Delta = \frac{该段结束时的周期时间-该段初始的周期时间}{该段的脉冲数}$$

用该式计算出 1 段的周期增量值 Δ 为 -2μs，2 段的周期增量值 Δ 为 0，3 段的周期增量值 Δ 为 2μs。假设包络表位于从 VB200 开始的 V 存储区中，包络表见表 3-16。

表 3-16　包络表

V 变量存储器地址	段号	参数值	说　明
VB200		3	段数
VB201	1 段	500μs	初始周期
VB203		-2 μs	每个脉冲的周期增量 Δ
VB205		200	脉冲数
VB209	2 段	100μs	初始周期
VB211		0	每个脉冲的周期增量 Δ
VB213		3600	脉冲数
VB217	3 段	100μs	初始周期
VB219		2 μs	每个脉冲的周期增量 Δ
VB221		200	脉冲数

在程序中使用数据传送指令可将表中的数据送入变量存储区 V 中。

任务实施

3.3.2.1　先进行初始化

用一个子程序实现 PTO 初始化，首次扫描（SM0.1）时从主程序调用初始化子程序，执行初始化操作。以后的扫描不再调用该子程序，这样减少扫描时间，程序结构更好。

初始化操作步骤如下：

（1）首次扫描（SM0.1）时将输出 Q0.0 或 Q0.1 复位（置 0），并调用完成初始化操作的子程序。

（2）在初始化子程序中，根据控制要求设置控制字并写入 SMB67 或 SMB77 特殊存储器。如写入 16#A0（选择微秒递增）或 16#A8（选择毫秒递增），两个数值表示允许 PTO 功能、选择 PTO 操作、选择多段操作，以及选择时基（微秒或毫秒）。

（3）将包络表的首地址（16 位）写入 SMW168（或 SMW178）。

（4）在变量存储器 V 中，写入包络表的各参数值。一定要在包络表的起始字节中写入段数。在变量存储器 V 中建立包络表的过程也可以在一个子程序中完成，在此只需调用设置包络表的子程序。

（5）设置中断事件并全局开中断。如果想在 PTO 完成后，立即执行相关功能，则须设置中断，将脉冲串完成事件（中断事件号 19）连接一中断程序。

（6）执行 PLS 指令，使 S7-200 为 PTO/PWM 发生器编程，高速脉冲串由 Q0.0 或 Q0.1 输出。

（7）退出子程序。

3.3.2.2 多段流水线 PTO 控制程序

主程序和子程序如图 3-16～图 3-18 所示。

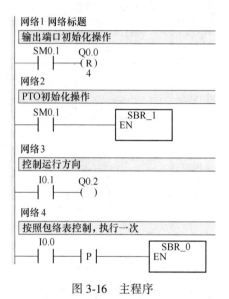

图 3-16 主程序

网络2

```
     SM0.0        ┌──────────┐
──────┤├───┬──────┤ MOV_B    │
            │      │EN    ENO ├──
            │      │          │
       16#A0┤      │IN    OUT ├── SMB67
            │      └──────────┘
            │      ┌──────────┐
            ├──────┤ MOV_W    │
            │      │EN    ENO ├──
            │      │          │
         200┤      │IN    OUT ├── SMW168
            │      └──────────┘
            │      ┌──────────┐
            └──────┤ PLS      │
                   │EN    ENO ├──
                   │          │
                  0┤Q0.X      │
                   └──────────┘
```

图 3-17 子程序 1（SBT_0）

网络1

```
     SM0.0        ┌──────────┐
──────┤├───┬──────┤ MOV_B    │
            │      │EN    ENO ├──
            │      │          │
          0┤       │IN    OUT ├── SMB67
            │      └──────────┘
            │      ┌──────────┐
            └──────┤ PLS      │
                   │EN    ENO ├──
                   │          │
                  0┤Q0.X      │
                   └──────────┘
```

图 3-18 子程序 2（SBR_1）

3.3.3 触摸屏实现电机启停控制应用及操作

任务提出

某设备要求使用触摸屏和按钮都可以实现对电动机的启动和停止控制，组态画面如图 3-19 所示。除使用按钮对电动机进行启停控制，还可以通过触摸屏对电动机实现启停控制，并且指示灯能够监控电动机的运行状态。

图 3-19 组态画面

相关知识

　　根据要求可知，本任务需要 PLC 与触摸屏联合使用，通过编辑相应的 PLC 程序，完成触摸屏组态，并实现 PLC 与触摸屏之间的实时通信来实现。首先是电气连接，图 3-20 为触摸屏电气连接图。其次做好输入输出端口分配，见表 3-17。

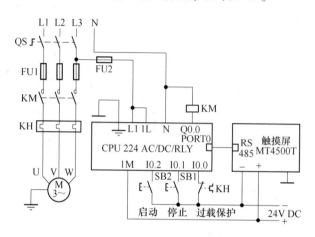

图 3-20　触摸屏电气连接图

表 3-17　PLC 输入输出端口分配

输　　入			输　　出		
输入端子	输入元件	作用	输出端子	输出元件	控制对象
I0.0	KH	过载保护	Q0.0	接触器 KM	电动机 M
I0.1	SB1	停止			
I0.2	SB2	启动			

任务实施

　　把任务分为触摸屏组态、PLC 编程、PLC 与触摸屏连接通信三个部分来完成。

3.3.3.1　触摸屏的组态

A　建立连接

　　根据前面对 EV5000 的学习基础，建立起新项目。打开 EV5000 软件后进入主界面，在主界面左上角点击"文件"→"新建工程"。

　　设置触摸屏与 PLC 之间的连接。选择所需的通信连接方式，MT5000 支持串口、以太网连接，点击元件库窗口里的通信连接，选中所需的连接方式拖入工程结构窗口中即可，如图 3-21 所示。

　　点击主界面左边元件库窗口中"HMI"选项栏，选择所需的触摸屏型号，选 MT4500T，将其拖入工程结构窗口。放开鼠标，选择水平或垂直方式显示，即水平还是垂直使用触摸屏，然后点击"OK"确认。

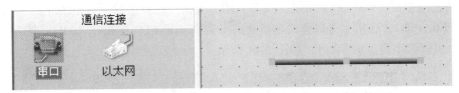

图 3-21　串口连接

点击主界面左边元件库窗口中的"PLC"选项栏，选择需要连线的 PLC 类型，选择"Siemens S7 200"，拖入工程结构窗口里。

适当移动 HMI 和 PLC 的位置，将连接端口靠近连接线的任意一端，就可以顺利把它们连接起来。注意：连接使用的端口号要与实际的物理连接一致。这样就成功地在 PLC 与 HMI 之间建立了连接。拉动 HMI 或者 PLC 检查连接线是否断开，如果不断开就表示连接成功，如图 3-22 所示。

图 3-22　建立连接

然后双击 HMI0 图标，就会弹出对话框。在此对话框中需要设置触摸屏的 IP 地址和端口号。如果使用了以太网多机互联或以太网下载组态等功能，根据所在的局域网情况给触摸屏分配唯一的 IP 地址。此地址不能与网络内其他设备地址冲突，如图 3-23 所示。

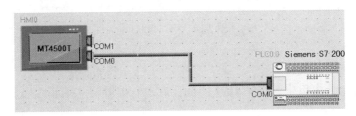

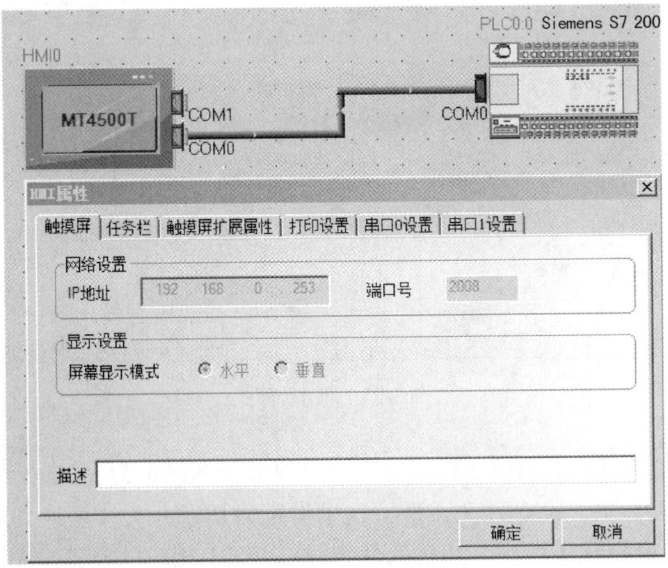

图 3-23　设定参数

设置连接参数：如图 3-17 所示，双击 HMI0 图标，在弹出的［HMI 属性］框里切换到［串口 0 设置］，这里，可以修改串口 0 的参数（如果 PLC 连接在 COM1，请在［串口 1 设置］里修改串口 1 的参数），如图 3-24 所示。

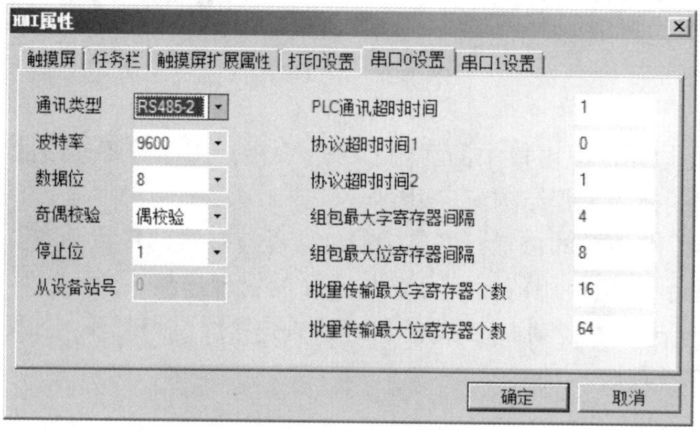

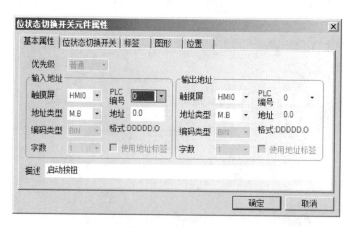

图 3-24　串口设定

B　组态切换开关

首先在工程结构窗口中，选中 HMI 图标，点击右键里的［编辑组态］，然后就进入了组态窗口。

在左边的 PLC 元件窗口里，轻轻点击图标  位状态切换开关 ，将其拖入组态窗口中放置，这时将弹出位控制元件［基本属性］对话框，设置位控制元件的输入/输出地址，如图 3-25 所示。

图 3-25　基本属性

在基本属性里，将启动和停止按钮输入输出地址分别设定为 MB0.0 和 MB0.1。

切换到［开关］页，设定开关类型，这里设定为切换开关。切换到［标签］页，选中［使用标签］，分别在［内容］里输入状态 0、状态 1 相应的标签，并选择标签的颜色（可以修改标签的对齐方式，字号，颜色），如图 3-26 所示。

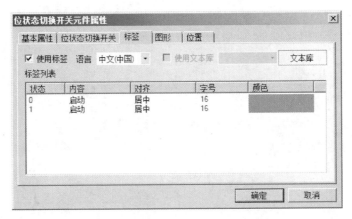

图 3-26　标签设置

切换到［图形］页，选中［使用向量图］复选框，选择一个想要的图形作为开关图形。最后点"确定"关闭对话框，放置好元件，如图 3-27 所示。

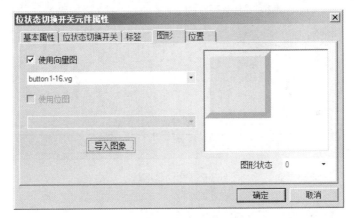

图 3-27　图形设置

C　组态指示灯

在左边的 PLC 元件窗口里，点击图标 位状态切换 开关 ，将其拖入组态窗口中放置，这时将弹出位状态指示灯元件［基本属性］选项卡。这里，设置输入地址为 QB0.0，如图 3-28 所示。

切换到［位状态指示灯元件属性］选项卡，设定指示灯功能，这里设定为"值为 0 时闪烁 1 状态图形"，如图 3-29 所示。

切换到［图形］页，选中［使用向量图］复选框，在向量图树状结构中选择灯文件夹，从文件夹中选择一个想要的图形作为灯的图形。最后点"确定"关闭对话框，放置好元件，如图 3-30 所示。

D　组态文本

在工具栏中点击文字图标"A"，即会弹出文本属性对话框。在 Text 中输入文本"电

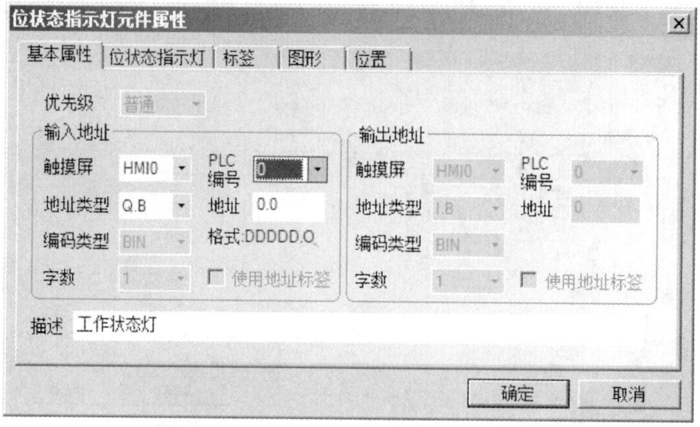

图 3-28　地址设置

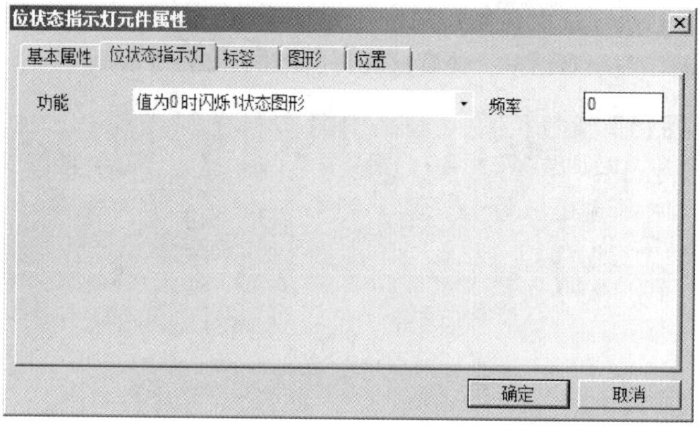

图 3-29　指示灯设置

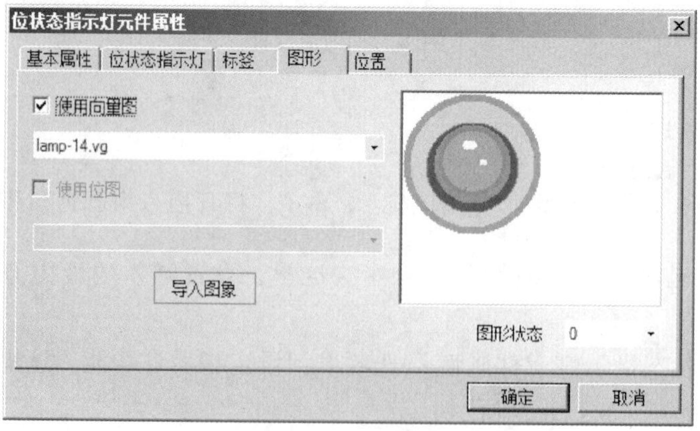

图 3-30　图形设置

机启停控制"。选取"标签模式",可以对文本进行编辑,如图 3-31 所示。编辑好后点击"确定"。在组态屏幕中间即会出现编辑好的文本,拖动文本到放置位置放开鼠标,即完成文本的组态。

图 3-31　文本组态

选择工具条上的［保存］，接着选择菜单［工具］/［编译］。如果编译没有错误，那么触摸屏组态就做完了。选择菜单［工具］/［离线模拟］/［仿真］。可以看到设置的开关，点击它时将可以来回切换状态。

3.3.3.2　PLC 编程

编写的电动机启停控制程序如图 3-32 所示。在程序中，启动按钮 I0.2 与触摸屏的"启动按钮"M0.0 都可以控制电机的启动，停止按钮 I0.1 与触摸屏的"停止按钮"M0.1 都可以控制电机的停止。I0.0 为过载保护输入端，Q0.0 为输出端，控制电机。程序编写完成后，开始 PLC 与触摸屏之间的通信。

```
网络1
   I0.2        M0.1        I0.1        I0.0        Q0.0
 ──┤├────────┤/├────────┤/├────────┤├────────( )──
   M0.0
 ──┤├──
   Q0.0
 ──┤├──
```

图 3-32　PLC 控制程序

3.3.3.3　PLC 与触摸屏连接通信

需要设置 PLC 与触摸屏之间的通信参数。根据西门子 PLC 设置的要求进行设置。

双击 HMI0 图标，设置连接参数。

对于 eView MT5000/4000 系列触摸屏，它与每个品牌的 PLC 的连接方法各有不同。SIEMENS S7-200 系列 PLC 与 eView MT5000/4000 触摸屏的连接参数设置见表 3-18。其次，PLC 在该组态软件中设置时，需要设置 PLC 地址为 2。

在［串口 0 设置］中，通信类型选择 RS485-2，波特率选择 9600，协议数据位选择 8 位，奇偶校验选择偶校验，停止位选择 1。注意，此处设置必须与 PLC 通信口设定相同。

设定好后，点击"确定"。

表 3-18　触摸屏连接 PLC 参数设置

参数项	推荐设置	可选设置	注意事项
PLC类型	SIEMENS S7/200		
通信口类型	RS232/RS485	RS232/RS485	
数据位	8	7 or 8	此协议数据位固定为8位
停止位	1	1 or 2	必须与PLC通信口设定相同
波特率	9600	9600/19200/38400/ 57600/115200	必须与PLC通信口设定相同
校验	偶校验	偶校验/奇校验/无	必须与PLC通信口设定相同
PLC站号	2	0～255	必须采用推荐的设定

3.3.3.4　调试实现

（1）将 PC/PPI 电缆连接到 PLC，打开 PLC 电源，把 PLC 控制程序下载到 PLC，关闭 PLC 电源。

（2）用 RS485 通信线连接 PLC 与触摸屏。

（3）将 PLC 和触摸屏通电，PLC 上指示灯 I0.0 应点亮，表示输入端口 I0.0 被热继电器 KH 常闭触点接通。

（4）按启动按钮 SB2 或单击触摸屏"启动"按钮，交流接触器 KM 接通，电机运行。

（5）按下停止按钮，或单击触摸屏"停止"按钮，自锁解除，交流接触器 KM 失电，电动机停止。

3.3.4　电机启停控制及运行监控

任务提出

要求运用触摸屏和按钮都可以实现对电动机的启停，同时通过触摸屏能够实现对电机运转状态的监控，用触摸屏组态的动画实时地反映电机运行的状态（可以用触摸屏中旋转的风扇同步表示三相电机的工作状态）。通过设定电机运行的时间，使到达设定时间后自动停止。

控制线路连接与上一任务相同。除使用按钮对电动机进行启停控制，也可以通过触摸屏对电动机实现启停控制，并且指示灯能够监控电动机的运行状态，组态画面如图3-33所示。

图 3-33　电机启停控制及运行监控效果图

相关知识：步科触摸屏中的多状态显示功能

多状态显示元件会根据指定的 PLC 的地址的数值不同而切换到不同的状态。如果值为 0，将显示第一个图形。如果值为 1，将显示第二个图形，依次类推。如果选中了"使用标签"将会显示相应状态的标签内容。

添加一个多状态显示元件的过程如下：

（1）按下多状态显示元件图标，拖到窗口中，就会弹出多状态显示元件"基本属性"框，如图 3-34 所示。

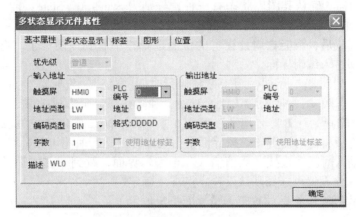

图 3-34　多状态显示元件属性设置

1）优先级，保留功能，暂不使用。

2）输入地址，控制多状态显示元件所显示的状态、图形和标签等信息的 PLC 地址。

3）地址，多状态显示元件对应的字地址的首地址。

4）编码类型，BIN 或 BCD。

5）字数，对输入地址可选 1 或 2（即单字或双字）。

6）使用地址标签，是否使用地址标签里已登录的地址。

7）描述，分配给多状态显示元件的参考名称（运行时不显示）。

（2）跳到"多状态显示页"，设置这个多状态显示元件的状态数。在状态数下可以设置多达 32 个状态。

（3）跳到"图形"页，选择向量图或位图来显示对应的多状态显示元件状态的图形。

（4）跳到"位置"页，调整多状态显示元件的位置和大小。

（5）按下"确定"键，即可完成多状态显示元件的设置。

任务实施

任务的实施与上一节中的步骤相似，即分为触摸屏组态，PLC 编程，PLC 与触摸屏连接通信三个部分来完成。其中 PLC 编程与连线和上一节相同，请参看 3.3.3 节。但是增加了多状态显示元件。

在此，要把 PLC 的输出点与触摸屏中的多状态显示元件进行一一对应的联结。

3.3.4.1　触摸屏界面编辑

首先选择多状态显示图标 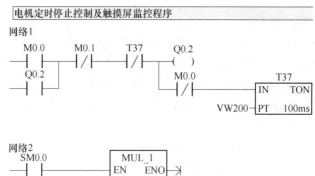，拖拽至触摸屏编辑处。然后双击图标，开始设置。

（1）跳到"基本属性"页，默认设置地址为 LW0。

（2）跳到"多状态显示"页，因为选用的图形是一个风扇图形，具有 3 种状态，所以设置的"状态数"为 3。

（3）跳到"图形"页，点击"导入图像"→"BG"文件夹→"fan"文件夹→选取"fan-05. bg"图标。确认其图库状态有三种，分别为 State：0、State：1、State：2。最后点击"导入"，取新名称为 2。点击"确定"。

（4）导入完成后，就能在属性设置的位图选择栏中看到该图标了。选取图标，点击"确定"。图标即进入编辑界面。

（5）选取"定时器"元件，用于控制运行时间。跳到"定时器"页，"触发方式"选择"存储器状态触发"，使用默认地址 LW0，和多状态显示形成关联。"地址类型"即关联控制端口，选择"Q. B"，"地址"填入 0.2，即与 Q0.2 端口建立关联。

（6）设置好后将定时器置于编辑界面空白处即可（运行时不可见）。

（7）设定输入时间。拖拽"数值输入"至编辑界面。跳到"基本属性"页，设置地址为 VW200。其他设置可选择默认设置。点击"确定"。

（8）将"数值输入"框放置于编辑界面指定位置。

3.3.4.2　PLC 编程

PLC 中的时间单位为 100ms（毫秒），即 0.1s（秒），而触摸屏界面输入端默认为 s（秒），这中间就需要一个转换。利用 PLC 编程语言中的乘法指令 MUL ＿ I 来加以实现，如图 3-35 所示。

图 3-35　电机启停控制及运行监控 PLC 编程

3.3.5　自动化生产线实训系统的触摸屏组态

任务提出

完成自动生产线 THJDAL-2 自动化生产线实训装置的触摸屏组态。要求能够监控系统，红灯亮表示停止或故障，黄灯亮表示物料不足，绿灯亮表示运行正常；具备系统启动、停止和复位的按钮；加入系统整体背景图案，具有"自动化生产线装配与调试技术"字标。触摸屏组态效果图如图 3-36 所示。

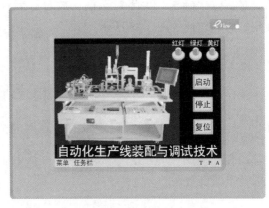

图 3-36　触摸屏组态效果图

相关知识

根据要求可知，本任务需要 PLC 网络与触摸屏联合使用，通过连接已有的 PLC 网络，完成触摸屏组态，并实现 PLC 网络与触摸屏之间的实时通信来实现。有关触摸屏与 PLC 的连接，可以参看前面的章节内容。

任务实施

3.3.5.1　组态指示灯

在左边的 PLC 元件窗口里，点击图标 [位状态指示灯]，将其拖入组态窗口中放置，这时将弹出位状态指示灯元件 [基本属性] 选项卡。这里，设置输入地址为 QB0.0。切换到 [位状态指示灯] 选项卡，设定指示灯功能，这里设定为"正常"。切换到 [图形] 页，选中 [使用向量图] 复选框，在向量图树状结构中选择"灯"文件夹，从文件夹中选择一个想要的图形作为灯的图形。最后点"确定"关闭对话框，放置好元件。切换到 [基本属性] 选项卡，设定指示灯地址分别为 M17.0（红灯），M17.1（绿灯），M17.2（黄灯）。这里设定为"正常"。在相应灯上添加"红灯""绿灯""黄灯"字样。可以通过离线模拟查看效果。组态指示灯如图 3-37 所示。

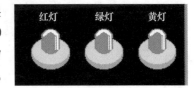

图 3-37　组态指示灯

3.3.5.2　组态切换开关

在左边的 PLC 元件窗口里，轻轻点击图标 [位状态切换开关]，将其拖入组态窗口中放置，这时将弹出位控制元件 [基本属性] 对话框，设置位控制元件的输入/输出地址。

在基本属性里，将启动、停止和复位按钮输入输出地址分别设定为 MB16.0、MB16.1 和 MB16.2。

切换到 [开关] 页，设定开关类型，这里设定为切换开关。切换到 [标签] 页，选中 [使用标签]，分别在 [内容] 里输入状态 0、状态 1 相应的标签，并选择标签的颜色（可以修改标签的对齐方式，字号，颜色）。

切换到 [图形] 页，选中 [使用向量图] 复选框，选择一个想要的图形作为开关图形。最后点"确定"关闭对话框，放置好元件。可以通过离线模拟查看效果。组态切换如图3-38所示。

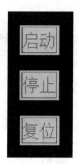

3.3.5.3 加入背景图

在左边元件库窗口中点［功能元件］选项栏，在选项栏里，点击图标  ，将其拖入组态窗口中放置，这时将弹出位图元件属性对话框，勾选"使用位图"，点击"导入图像"，从电脑内选取背景图后确定，即完成背景图设置。

图3-38 组态切换开关

3.3.5.4 组态文本

在工具栏中点击文字图标"A"，即会弹出文本属性对话框。在 Text 中输入文本"自动化生产线装配与调试技术"。选取"标签模式"，可以对文本进行编辑。编辑好后点击"确定"。在组态屏幕中间即会出现编辑好的文本，拖动文本到放置位置放开鼠标，即完成文本的组态。

全部组态完成后，可以通过离线模拟查看效果。

3.3.5.5 调试实现

（1）将 PC/PPI 电缆连接到 PLC，打开 PLC 电源，把 PLC 控制程序下载到 PLC，关闭 PLC 电源。

（2）用 RS485 通信线连接 PLC 网络与触摸屏。

（3）将 PLC 和触摸屏通电，PLC 网络上警示灯应点亮，触摸屏警示灯同步显示。

（4）按启动按钮或单击触摸屏"启动"按钮，系统运行。

（5）按下停止按钮，或单击触摸屏"停止"按钮，系统停止。

练习题

（1）触摸屏组态如何实现对运行设备的监控？

（2）触摸屏输入时间数值要如何转换为 PLC 程序内的时间？

（3）多段 PTO 和单段 PTO 有何区别？

（4）包络表的作用是什么，如何实现包络表的构建？

任务3.4 工业机器人技术

3.4.1 机器人操作安全规范

扫码看微课

任务提出

操作机器人前进行的知识培训及安全培训。

相关知识

3.4.1.1　机器人定义

目前，虽然机器人已被广泛应用，但世界上对机器人还没有一个统一、严格、准确的定义，不同国家、不同研究领域给出的定义不尽相同。主要原因是：

（1）机器人技术在不停发展；

（2）机器人涉及人的概念，上升为哲学问题。

现阶段，关于工业机器人的定义，比较认可的是 ISO 8373—2012 对工业机器人给出的解释：机器人具备自动控制及可再编程、多用途功能，机器人操作机具有三个或三个以上的可编程轴，在工业自动化应用中，机器人的底座可固定也可移动。

工业机器人最显著的特点有：

（1）可编程，工业机器人可随其工作环境变化的需要而再编程，是柔性制造系统中的一个重要组成部分。

（2）拟人化，工业机器人在机械结构上有类似人的腿、腰、大臂、小臂、手腕、手爪等部分，在控制上有计算机。此外，智能化工业机器人还有许多类似人类感知系统的"生物传感器"，如力传感器、视觉传感器、皮肤型接触传感器。此类传感器提高了工业机器人对周围环境的自适应能力。

（3）通用性，除了专门设计的专用的工业机器人外，一般工业机器人在执行不同的作业任务时具有较好的通用性。比如，更换工业机器人手部末端执行器（手爪、工具等）便可执行不同的作业任务。

（4）交叉性，工业机器技术涉及的学科相当广泛，归纳起来是机械学和微电子学的结合——机电一体化技术，特别与计算机技术的应用密切相关。因此，机器人技术的发展和应用水平也可以验证一个国家科学技术和工业技术的发展水平。

3.4.1.2　机器人分类

A　根据拓扑结构分类

a　串联结构机器人

当各连杆组成一开式机构链时，所获得的机器人结构称为串联结构。由单一的一系列连杆和关节组成的机器人就定义为串联机器人，如图 3-39 所示。

b　并联结构机器人

当末端执行器通过至少两个独立运动链和基座相连，且组成一闭式机构链时，所获得的机器人结构称为并联结构。完全由闭链组成的机器人称为并联机器人，如图 3-40 所示。

图 3-39　串联结构机器人

　　c　混联结构机器人

一种将串联和并联有机结合起来的机构，即为混联式机构。开链中含有闭链的机器人称为串并联机器人或混联机器人，如图 3-41 所示。

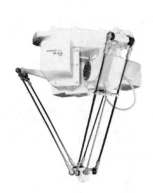

图 3-40　并联结构机器人　　　　　　　图 3-41　混联结构机器人

　　B　根据拓扑结构分类

　　a　直角坐标机器人

直角坐标型机器人（3P）是一种最简单的结构，其手臂按直角坐标形式配置，即通过三个相互垂直轴线上的移动来改变手部的空间位置，如图 3-42 所示。

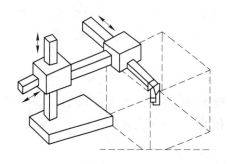

图 3-42　直角坐标机器人

　　b　圆柱坐标机器人

圆柱坐标机器人（R2P）是指机器人的手臂按圆柱坐标形式配置，即通过两个移动和一个转动来实现手部空间位置的改变，如图 3-43 所示。

　　c　球坐标机器人

球坐标机器人（2RP）是指机器人的手臂按球坐标形式配置，其手臂的运动，由一个直线运动和两个转动组成，如图 3-44 所示。

　　d　关节坐标机器人

关节坐标机器人一般由多个转动关节串联起若干连杆组成，其运动由前后的俯仰及立柱的回转构成。关节机器人有三种不同的形状：纯球状、平行四边形球状和圆柱状，如图 3-45 所示。

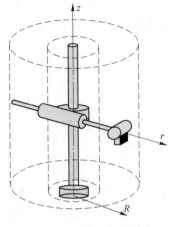

图 3-43　圆柱坐标机器人

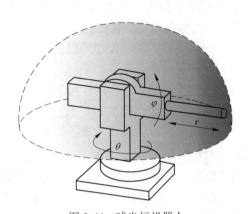
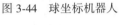

图 3-44　球坐标机器人

图 3-45　关节坐标机器人

3.4.1.3　工业机器人的应用

工业机器人一般用于机械制造中，替代人工完成一些具有大批量、高质量要求的工作，如工业自动化生产线中的电焊、弧焊、喷涂、切割电子装配，以及物流系统的搬运、包装、码垛等作业。

世界上的第一台工业机器人，主要用于完成通用汽车的材料处理工作，随着机器人技术的不断更新与发展，机器人的应用领域得到了进一步的拓宽，主要集中在以下 5 个领域。

（1）机械加工应用。机械加工机器人主要从事零件铸造、激光切割及水射流切割等工作。

（2）机器人喷涂应用。喷涂机器人主要从事涂装、点胶、喷漆等工作。

（3）机器人装配应用。装配机器人主要从事零部件的安装、拆卸及修复等工作。

（4）机器人焊接应用。焊接机器人主要从事汽车行业中的电焊和弧焊工作，用来实现自动化焊接作业。

（5）机器人搬运应用。搬运机器人主要从事上下料、搬运及码垛等工作，随着协作机器人的兴起，搬运机器人的市场份额逐年提升。

A　焊接机器人

焊接机器人是能将焊接工具按要求送到预定空间位置，按要求轨迹及速度移动焊接工具的工业机器人。焊接机器人常用于汽车制造领域，又可分为点焊机器人和弧焊机器人。图 3-46 为焊接机器人。从 20 世纪 60 年代开始，焊接机器人技术日益成熟，在长期使用过程中，主要体现出以下优点：

（1）稳定提高焊件的焊接质量；

（2）提高企业的劳动生产率；

（3）改善工人的劳动强度，可替代人类在恶劣的环境下工作；

（4）降低工人操作技术的要求；

（5）缩短产品改型换代的准备周期，减少了相应的设备投资。

B 喷涂机器人

喷涂机器人是能自动喷漆或喷涂其他涂料的工业机器人，如图 3-47 所示。到目前为止，喷涂机器人广泛应用于汽车车体、家电产品和各种塑料制品的喷涂作业。用机器人代替人进行喷涂势在必行，主要体现出以下优点：

（1）柔性大，工作空间大；

（2）可提高喷涂质量和材料利用率；

（3）易于操作和维护，可离线编程，大大缩短了现场调试时间；

（4）设备利用率高，可达 90%~95%。

 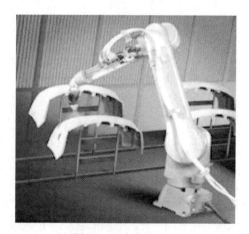

图 3-46 焊接机器人   图 3-47 喷涂机器人

C 装配机器人

装配机器人是专门为装配而设计的机器人，常用的装配机器人主要完成生产线上一些零件的装配或拆卸工作。装配机器人与一般工业机器人相比具有精度高、柔顺性好、工作空间小、能与其他系统配套使用等特点。在工业生产中，装配机器人可以保证产品质量、降低成本和提高生产自动化水平。图 3-48 为装配机器人。

D 搬运机器人

搬运机器人是可以进行自动搬运作业的工业机器人，广泛应用于机床上下料、压力机自动化生产线、自动装配流水线、码垛搬运、集装箱搬运等场合。图 3-49 为搬运机器人。其主要优点有：

（1）提高生产率，一天可以无间断地工作；

图 3-48　装配机器人

（2）改善工人劳动强度，减少人工成本；

（3）缩短了产品改型换代的准备周期，减少相应的设备投资；

（4）可实现工厂自动化、无人化生产。

图 3-49　搬运机器人

任务实施

3.4.1.4　工业机器人的安全使用

A　安全使用规程

a　安全使用环境

机器人不得在以下列出的任何一种情况下使用：燃烧的环境；有爆炸可能的环境；无线电干扰的环境；水中或其他液体中；以运送人或动物为目的；攀爬在机器人上面或悬垂于机器人之下。

b　操作注意事项

只有经过专门培训的人员才能操作使用工业机器人，操作人员在使用机器人时需要注意以下事项：

（1）避免在工业机器人周围做出危险行为，接触机器人或周边机械有可能造成人身伤害。

（2）在工厂内，为了确保安全，需注意"严禁烟火""高电压""危险"等标示。当电气设备起火时，使用二氧化碳灭火器，切勿使用水或泡沫。

（3）作为防止发生危险的手段，操作工业机器人时需穿戴好工作服、安全鞋、安全帽等防护措施。

（4）工业机器人安装的场所除操作人员以外，其他人员不能靠近。

（5）和机器人控制柜、操作盘、工件及其他的夹具等接触，有可能发生人身伤害。

（6）不要强制扳动、悬吊、骑坐在机器人上，以免发生人身伤害或者设备损坏。

（7）禁止倚靠在工业机器人或其他控制柜上，不要随意按动开关或者按钮，否则会发生意想不到的动作，造成人身伤害或者设备损坏。

（8）通电中，禁止未受培训的人员接触机器人控制柜和示教编程器，否则误操作会导致人身伤害或者设备损坏。

B　相关安全风险

a　工业机器人系统非电压相关的风险

（1）当操作人员在系统上操作时，需确保没有他人可以打开工业机器人系统的电源。

（2）工业机器人工作空间外围必须设置安全区域，以防他人擅自进入，可以配备安全光栅或感应装置作为配套安全装置。

（3）如果工业机器人采用空中安装、悬挂或其他并非直接坐落于地面的安装方式，则可能会比直接坐落于地面的安装方式有更多的风险。

（4）释放制动闸时，关节轴会受到重力影响而坠落。操作人员除了有被运动中的工业机器人部件撞击的风险外，还可能存在被平行手臂挤压的风险（如有此部件）。

（5）工业机器人中存储的用于平衡某些关节轴的电量可能在拆卸工业机器人或其部件时释放。

（6）拆卸/组装机械单元时，请提防掉落的物体。

（7）注意运行中或运行过后的工业机器人及控制器中存有的热能。在实际触摸之前，务必用手在一定距离感受可能会变热的组件是否有热辐射。如果要拆卸可能会发热的组件，请等到它冷却，或者采用其他方式进行前处理。

（8）切勿将工业机器人当作梯子使用，存在工业机器人损坏的风险，同时由于工业机器人电机可能产生高温或工业机器人可能发生漏油现象，所以攀爬会有严重的滑倒风险。

b　工业机器人系统电压相关的风险

（1）尽管有时需要在通电时进行故障排除，但在维修故障、断开或连接各个单元时必须关闭工业机器人系统的主电源开关。

（2）工业机器人主电源的连接方式必须保证操作人员可以在工业机器人的工作空间之外关闭。

（3）需要注意控制器的以下部件伴随有高压危险：1）注意控制器（直流链路、超级电容器设备）存有电能；2）主电源/主开关；3）变压器；4）电源单元；5）控制电源（230V AC）；6）整流器单元（262/400~480V AC 和 400/700V DC）；7）驱动单元（400/700V DC）；8）驱动系统电源（230V AC）；9）维修插座（115/230V AC）；

10) 用户电源 (230V AC); 11) 机械加工过程中的额外工具电源单元或特殊电源单元; 12) 即使工业机器人已断开与主电源的连接, 控制器连接的外部电压仍存在; 13) 附加连接。

(4) 需要注意工业机器人本体以下部件伴有高压危险: 1) 电机电源 (高达 800V DC); 2) 工具或系统其他部件的用户连接 (最高 230V AC)。

(5) 需要注意工具、物料搬运装置等的带电风险。需要注意即使工业机器人系统处于关机状态, 工具、物料搬运装置等也可能是带电的。在工业机器人工作过程中, 处于运动状态的电源电缆也可能会出现破损。

C 安全防范措施

在作业区内工作时, 为了确保作业人员及设备的安全, 需要执行下列防范措施。

(1) 在机器人周围设置安全栅栏, 以防造成与已通电的机器人发生意外的接触。在安全栅栏的入口处张贴一个 "远离作业区" 的警示牌。安全栅栏的门必须要加装可靠的安全联锁。

(2) 工具应该放在安全栅栏以外的合适区域。若由于疏忽把工具放在夹具上, 与机器人接触则有可能发生机器人或夹具的损坏。

(3) 当向机器人上安装工具时, 务必先切断控制柜及所装工具上的电源并锁住其电源开关, 同时要挂一个警示牌。

(4) 示教机器人前须先检查机器人运动方面的问题以及外部电缆绝缘保护罩是否损坏, 如果发现问题, 则应立即纠正, 并确认其他所有必须做的工作均已完成。示教器使用完毕后, 务必挂回原位置。如示教器遗留在机器人上、系统夹具上或地面上, 则机器人或装在其上的工具将会碰撞到它, 因此可能引发人身伤害或者设备损坏。遇到紧急情况, 需要停止机器人时, 请按示教器、控制器或控制面板上的急停按钮。

D 操作的安全准备工作

工作服等的正确穿戴如图 3-50 所示。根据要求学习安全准则, 准备好安全装备, 见表 3-19。

扣紧衣扣
领口

扣上袖扣

戴好
安全帽

衣服和裤子
要整洁

下肢不能
裸露

鞋要防滑
绝缘

图 3-50 工作服的穿戴要求

表 3-19　安全操作准备工作流程

序号	操 作 要 求	图　　示
1	熟悉安全生产管理制度	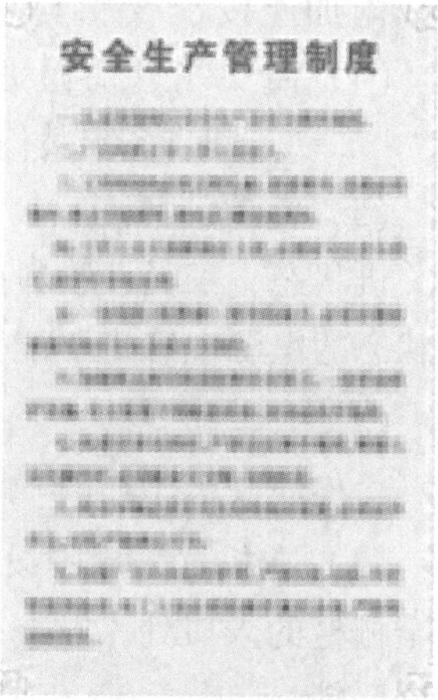
2	正确穿戴工业机器人安全作业服，防止零部件掉落时砸伤操作人员	
3	正确穿戴工业机器人安全帽，防止机器人系统零部件尖角或操作机器人末端工具动作时划伤操作人员	
4	正确穿戴安全鞋，防止砸伤脚	
5	正确佩戴护目镜，防止异物进入眼中	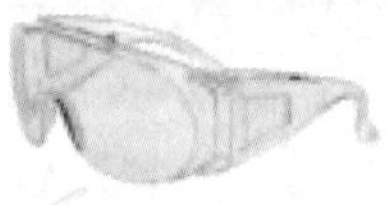

3.4.2　发那科工业机器人的认识及操作

任务提出

熟悉发那科工业机器人，掌握其基本使用规则，能够进行基本的操作。能够使用示教器进行点动操作；能够切换不同的坐标系；能够开展码垛等基本编程。

相关知识

3.4.2.1　认识示教器

A　示教器的认知

示教器是主管应用工具软件与用户之间接口的操作装置，通过电缆与控制装置连接。示教器由液晶显示屏、LED、功能按键构成，除此以外一般还会有模式切换开关、安全开关、急停按钮等。示教器正反面实物图如图 3-51 所示。

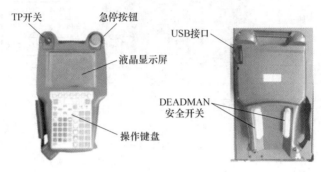

图 3-51　示教器正反面实物图

示教器是机器人的人机交互接口，通过示教器功能按键与液晶显示屏配合使用来完成机器人点动、示教，编写、调试和运行机器人程序，设定、查看机器人状态信息和位置，消除报警等所有机器人功能操作。

B　示教器配置注意事项

（1）示教器配置要求操作者具有一定的专业知识和熟练的操作技能，并需要现场近距离操作，因而具有一定的危险性，一定要穿戴好防护用具。

（2）示教器配置是方便操作者根据自己熟悉的语言进行基础设置，在基础设置时，如遇到其他报警信息，不要盲目操作，以防盲目操作删除系统文件。

（3）示教器的交互界面为液晶显示屏，不要用尖锐、锋利的工具对示教器进行操作，以防划伤示教器显示屏。

C　示教器按键

FANUC 机器人示教器按键由与菜单相关的按键、与点动相关的按键、与执行相关的按键、与编辑相关的按键和其他按键组成，具体示教器按键如图 3-52 所示。

a　示教器语言的更改

（1）机器人手动模式下，按下"MENU"，进入主菜单栏；

（2）依次选择"SETUP"和"General"，进入语言选择界面，将光标移动至设置语言行；

（3）按下"F4"按键，进入语言选择，选择"CHINESE"；

（4）按下"ENTER"键，机器人语言更改结束，当前语言设置为中文。

b　工业机器人系统时间设定

（1）按下"MENU"，进入主菜单栏，选择"系统"→"时间"；

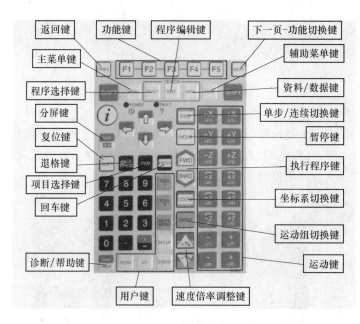

图 3-52　示教器按键

（2）按下"调整"，输入需要调整的时间，更新时间后按下"完成"，时间修改完成；

（3）同时按下"SHIFT"和"DISP"按键，出现分屏界面；

（4）选择"双画面"，按下"ENTER"按键，画面切换成双画面。

c　运动速度设置

（1）单击"+%、-%"键时，依次进行如下切换："VFINE"（微速）→"FINE"（低速）→"1%—2%—3%—4%—5%—10%—15%—…—100%"，速度微调如图 3-53 所示。

 微速— 低速—1%—2%—3%—4%—5%—10%—15%—…—100%

图 3-53　速度微调

（2）同时按下"+%、-%+SHIFT"时，依次进行如下切换："VFINE"（微速）→"FINE"（低速）→"5%—25%—50%—100%"，速度粗调如图 3-54 所示。

 微速— 低速—5%—25%—50%—100%

图 3-54　速度粗调

d　坐标系设置

按下"COORD"键，用来切换手动进给坐标系。依次进行如下切换："关节"→

"手动"→"世界"→"工具"→"用户"→"关节"，当同时按下此键与"SHIFT"键时，出现用来进行坐标系切换的点动菜单。

3.4.2.2　工业机器人的手动操作

A　开关机操作

工业机器人的通电与关电是通过控制柜面板上的断路器来实现的。断路器的位置如图 3-55 所示。

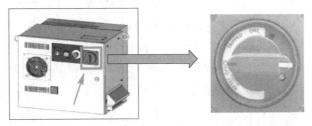

图 3-55　断路器

机器人控制器有 4 种开机方式，分别是初始开机、控制开机、冷开机和热开机。通常的通电方式是冷开机和热开机。开机方式如图 3-56 所示。

冷开机是在停电处理无效时的一种通常的通电操作。程序的执行状态成为"结束"状态，输出信号全都断开。冷开机完成时，可以进行机器人的操作。

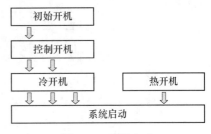

图 3-56　开机方式

热开机是在停电处理有效时的一种通常的通电操作。程序的执行状态以及输出信号，保持电源切断时的状态而启动。热开机完成时，可以进行机器人的操作。

机器人控制器关机方式：首先通过 TP 或操作面板上的暂停或急停按钮停止机器人的运行，然后将操作面板上的断路器拨到 OFF 的位置。

注意：如果有外部设备诸如打印机、软盘驱动器、视觉系统等和机器人相连，在关电前，要首先将这些外部设备关闭，以免损坏。

B　机器人的点动进给

在机器人点动进给之前，需要确定手动坐标系，以确定机器人的运动方式。通常，机器人的手动点动有机器人关节点动、直角点动和工具点动三种运动方式，如图 3-57 所示。

（1）关节点动：关节点动使各自的轴沿着关节坐标独立运动。

（2）直角点动：直角点动使机器人的工具中心点（TCP）沿着用户坐标系或手动坐标系的 X、Y、Z 轴运动。此外，还可以使机器人的工具绕着世界坐标系的 X、Y、Z 轴旋转，或者绕着用户坐标系、手动坐标系的 X、Y、Z 轴旋转。

（3）工具点动：工具点动使工具中心点（TCP）沿着机器人的手腕部分所定义的工具坐标系的 X、Y、Z 轴运动。此外，工具点动还可以使机器人的工具绕着工具坐标系的 X、Y、Z 轴回转。

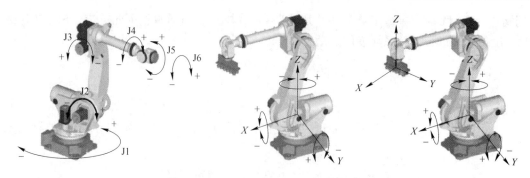

图 3-57　机器人关节点动、直角点动和工具点动

按如下操作完成机器人的点动操作。机器人点动的条件如图 3-58 所示。

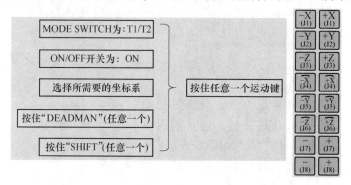

图 3-58　机器人点动的条件

任务实施

3.4.2.3　机器人程序的创建

机器人应用程序由为使机器人作业而记述的指令及其他附带信息构成。在 FANUC 机器人中，程序所包含的指令不仅可以移动机器人，设置输出、读取输入，还能实现决策、重复其他指令、构造程序、与系统操作员交流等功能。程序中包含了一连串控制机器人的指令，执行这些指令可以实现对机器人的控制操作。

（1）确认示教器的有效开关处于"ON"的状态。按下示教器上的"SELECT"（程序选择）键，显示程序目录画面。

（2）按下 F2"创建"，出现创建程序画面。通过向上箭头"↑"、向下箭头"↓"键选择程序名称的输入方法，输入程序名称。程序一览界面如图 3-59 所示。

程序命名四种方法如图 3-60 所示。

1）单词：在单词方式下，功能键 F1～F5 分别对应的单词为 RSR、PNS、STYLE、JOB、TEST 等机器人编程常用的程序名称。

2）大写：在大写模式下，功能键 F1～F5 分别对应 26 个英文大写字母和符号。

3）小写：在小写模式下，功能键 F1～F5 分别对应 26 个英文小写字母和符号。

4）其他/键盘。

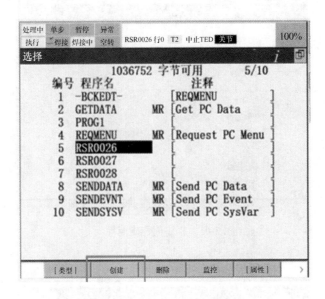

图 3-59　程序一览界面

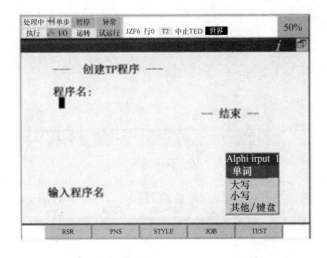

图 3-60　程序四种命名法

（3）按下"ENTER"（回车）键确认。此时的画面如图 3-61 所示，功能键 F2 对应的功能是 DETAIL（详细）菜单，F3 对应的是 EDIT（编辑）菜单。

（4）按下"详细"键，可以查看或者编辑程序详细信息。按下"编辑"或者"EN-TER"（回车）键，可以进入程序编辑页面。程序编辑界面如图 3-62 所示。

（5）查看程序的详细信息。程序除了记述机器人如何进行作业的程序信息外，还记述了对程序属性进行定义的程序详细信息，程序的详细信息如图 3-63 所示。

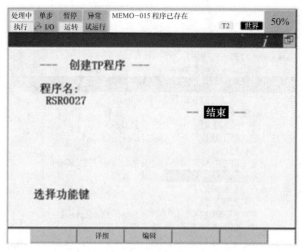

图 3-61　程序创建确定界面

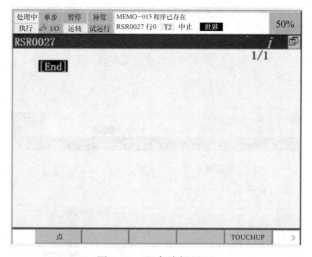

图 3-62　程序编辑界面

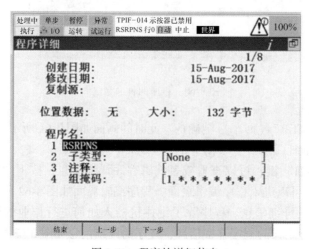

图 3-63　程序的详细信息

程序的详细信息由以下信息构成。

1）创建日期、修改日期、复制来源的文件名、位置资料的有效/无效、程序数据大小等与属性相关的信息。

2）程序名、注释、子类型、组掩码、写保护、暂停忽略、堆栈大小等与执行环境相关的信息。

①程序名。使用程序名来区别存储在控制装置内的存储器中的几个程序。

②子类型。子类型用来设定程序的种类。

③注释。创建新的程序时，还可以在程序名上添加注释，用来记述希望在选择画面上与程序名一起显示的附加信息。

④组掩码。组掩码表示使用于各自独立的机器人、定位工作台、其他夹具中等不同的轴（电机）组。

⑤写保护。可以通过写保护来指定是否可以改变程序。

3.4.3　发那科工业机器人的现场编程

任务提出

完成运用发那科工业机器人现场编程，完成码垛操作。

相关知识：基本指令的使用

3.4.3.1　动作指令的认识

动作指令是指以指定的移动速度和移动方法使机器人向作业空间内的指定位置移动的控制指令。动作指令的一条语句包含动作类型、位置数据、移动速度、定位类型、动作附加指令等信息，动作指令构成如图 3-64 所示。

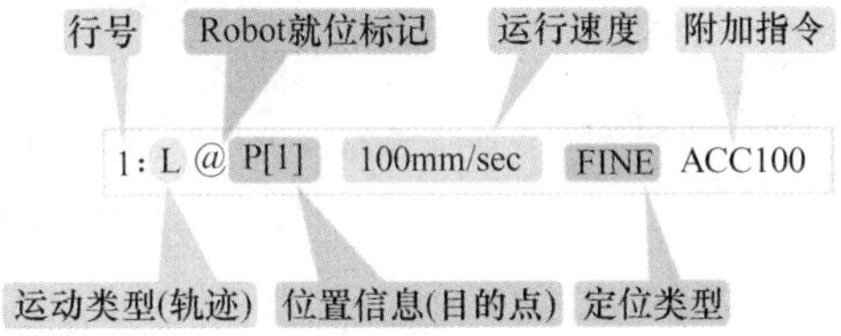

图 3-64　动作指令构成

A　动作类型

a　关节动作 J

关节动作是将机器人移动到指定位置的基本的移动方法。移动轨迹通常为非线性，移动中的工具位姿不受到控制，以机器人最自然的方式移动，关节动作 J 如图 3-65 所示。

b　直线动作 L

直线动作是指工具在两个指定的点之间，沿直线运动从动作开始点到结束点，以线性方式对 TCP 移动轨迹进行控制的一种移动方法，旋转动作只使用直线动作是工具的姿势，从开始点到结束点，以 TCP 为中心旋转，移动速度以 deg/sec 予以指定。直线动作 L 中的线性运动如图 3-66 所示。

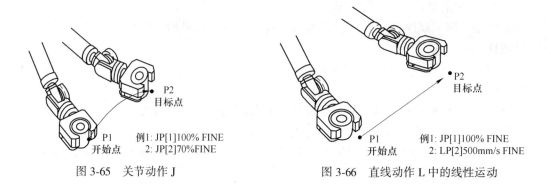

图 3-65　关节动作 J　　　　　　　　　　　图 3-66　直线动作 L 中的线性运动

c　圆弧动作 C

圆弧动作是从动作开始点，通过经由点到结束点以圆弧方式对工具中心点移动轨迹进行控制的一种移动方法，将开始点、经由点、目标点的姿势进行分割后，对移动中的工具姿势进行控制。当示教目标点时，将光标移到 P [...] 行前，并示教机器人所需要的位置，按 [SHIFT]+F3（TOUCHUP）记录圆弧第三点。圆弧动作 C 如图 3-67 所示。

d　圆弧动作 A

圆弧动作指令下，在一行中只示教一个位置，由连续的三个圆弧动作指令 A 生成的圆弧动作。圆弧动作 A 如图 3-68 所示。

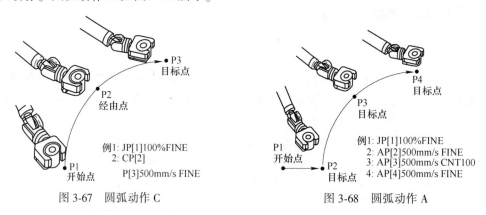

图 3-67　圆弧动作 C　　　　　　　　　　　图 3-68　圆弧动作 A

B　定位类型

标准情况下，定位类型有 FINE 和 CNT 两种。不同定位类型对机器人的运动轨迹有一定影响。不同定位类型对机器人运动轨迹的影响如图 3-69 所示。

（1）FINE 定位类型。在目标位置停止（定位）后，向着下一个目标位置移动。

（2）CNT 定位类型。机器人靠近目标位置，但是不在该位置停止，而进行下一个动作指令。

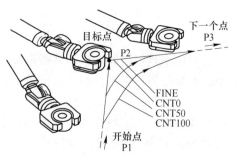

图 3-69　不同定位类型对机器人
运动轨迹的影响

C 动作指令的添加和修改

（1）手动移动机器人到要示教的目标点，在程序界面将光标指向"END"（结束），按下"F1"（点），显示出标准动作指令一览。程序编辑界面如图 3-70 所示。

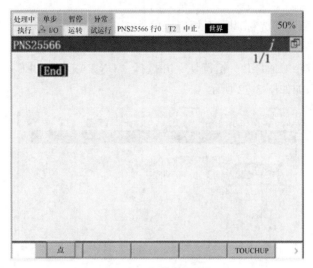

图 3-70 程序编辑界面

（2）选择需要使用的标准动作指令，按下"ENTER"键，动作指令生成。目标中的数据为当前 TCP 在当前坐标系中的数据。标准动作一览如图 3-71 所示。

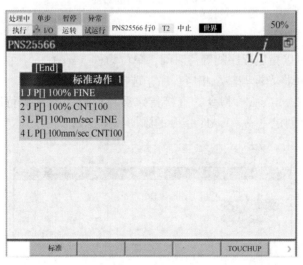

图 3-71 标准动作一览

3.4.3.2 搬运常用的控制指令

A 机器人 I/O 指令

I/O 指令是通过 I/O 信号直接控制外部设备或者反馈信息的指令。FANUC 机器人常用 RO ［ ］信号的状态来控制机器人末端执行器的动作。

RO［1］＝ON/OFF，这条指令可以控制机器人输出信号 RO［1］，通过控制该信号的状态来控制机器人末端执行器的吸取和放下状态。RO［7］＝ON/OFF，这条指令可以控制机器人输出信号 RO［7］，通过控制该信号的状态来控制机器人末端执行器的中吸盘的取放料状态。

（1）在程序界面，将光标调整至相应程序，按下 F1"指令"键，选择"I/O"指令，使用"RO［ ］=..."指令控制 RO 信号的状态。

（2）输入 3 后按"ENTER"键确认，并选择"ON"或者"OFF"来指定 RO［1］的状态。RO 指令的添加如图 3-72 所示。

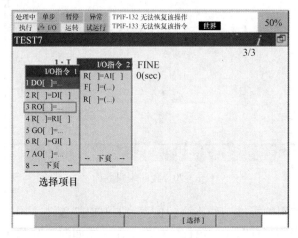

图 3-72　RO 指令的添加

B　时间等待指令

时间等待指令可以指定程序的等待时间，单位为秒（sec）。

（1）在程序界面将光标调整至相应程序，选择 WAIT 指令。

（2）使用 WAIT...（sec）指令，直接指定等待时间。输入等待时间的数值和按下"ENTER"键，指令创建完成。WAIT 指令的添加如图 3-73 所示。

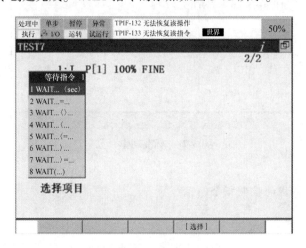

图 3-73　WAIT 指令的添加

任务实施

3.4.3.3　搬运现场编程

本任务以实际的搬运工作站为例，介绍机器人搬运现场编程的应用。

现公司新进一套工业机器人工作站，需要完成物料的搬运。搬运顺序为 1—2—3—4。码垛前物料位置如图 3-74 所示。

图 3-74　码垛前物料位置

搬运码垛后物料位置如图 3-75 所示，码垛顺序为 1—2—3—4。

图 3-75　码垛后物料位置

（1）手动调试工业机器人搬运码垛例行程序，查看工业机器人例行程序运行轨迹是否正确，手动运行速率设置为 20%。

（2）将控制柜打到 AUTO 档，自动运行工业机器人搬运码垛例行程序，切换工业机器人示教器为自动运行模式，完成搬运码垛程序自动运行，自动运行机器人速率设置为 30%。

编程流程见表 3-20。

表 3-20　编程流程

序号	操作步骤	图 片 示 例
1	按下"SELECT"（选择）键，显示出程序选择菜单。注：机器人示教器中确保四个程序都存在	694444 字节可用　　　1/5 编号　程序名　　　　注释 1　-BCKEDT-　　[GETDATA　　] 2　BYMD　　　　[　　　　　] 3　BYMDMAIN　　[　　　　　] 4　FXPJJ　　　　[　　　　　] 5　QXPJJ　　　　[　　　　　]
2	按下"向下"键，选择 QXPJJ（取吸盘夹具），按"ENTER"（回车键），显示程序	QXPJJ 　　　　　　　已暂停　　1/17 1: UTOOL_NUM=1 2: UFRAME_NUM=1 3:J @P[1] 100% FINE 4:J P[2] 100% FINE 5: PR[70]=PR[71] 6: PR[70,3]=PR[71,3]+20 7: PR[72]=PR[70] 8: PR[72,2]=PR[70,2]-100 9:L PR[70] 100mm/sec FINE 10:L PR[71] 100mm/sec FINE 11: RO[1:ON]=ON 12: WAIT .20(sec) 13:L PR[70] 100mm/sec FINE 14:L PR[72] 100mm/sec FINE 15:L P[2] 100mm/sec CNT100 16:J P[1] 30% FINE [End]
3	按下"向下"键，选择"L PR[71] 100mm/sec FINE"	L PR［71：吸盘］100mm/sec FINE
4	移动机器人到取吸盘点位，然后同时按下"SHIFT"（上档）键和"F5"（TOUCHUP）示教点位。SHIFT+F5：可替换原有点位。注意：在精确定位到记录点的过程中，不得松开 DEADMAN 开关	
5	按下"SELECT"（选择）键，显示出程序选择菜单。注：机器人示教器中确保如上程序都存在	694444 字节可用　　　1/5 编号　程序名　　　　注释 1　-BCKEDT-　　[GETDATA　　] 2　BYMD　　　　[　　　　　] 3　BYMDMAIN　　[　　　　　] 4　FXPJJ　　　　[　　　　　] 5　QXPJJ　　　　[　　　　　]

序号	操作步骤	图 片 示 例
6	按下"向下"键，选择 BYMD（搬运码垛），按"ENTER"（回车键），显示程序	
7	按下"向下"键，选择"L　PR［11］100mm/sec FINE"	L　PR［11：BY 取］100mm/sec FINE
8	移动机器人到取料点位，然后同时按下"SHIFT"（上档）键和"F5"（TOUCHUP）示教点位	
9	按下"向下"键，选择"L　PR［13］100mm/sec FINE"	L　PR［13：BY 放］100mm/sec FINE
10	移动机器人到放料点位，然后同时按下"SHIFT"（上档）键和"F5"（TOUCHUP）示教点位。依此类推：示教第 2 块物料（取 PR［15］，放 PR［17］）；示教第 3 块物料（取 PR［19］，放 PR［21］）；示教第 4 块物料（取 PR［23］，放 PR［25］）	

手动运行流程见表 3-21。

表 3-21　手动运行流程

序号	操作步骤	图 片 示 例
1	按下 "SELECT"（选择）键，显示出程序选择菜单。注：机器人示教器中确保如上程序都存在	694444 字节可用　　　　1/5 编号　程序名　　　　　注释 1　-BCKEDT-　　　[GETDATA　　　] 2　BYMD　　　　　[　　　　　　] 3　BYMDMAIN　　　[　　　　　　] 4　FXPJJ　　　　 [　　　　　　] 5　QXPJJ　　　　 [　　　　　　]
2	按下 "向下" 键，选择 BYMDMAIN（搬运码垛主程序），按 "ENTER"（回车键），显示程序	BYMDMAIN 1:　CALL QXPJJ 2:　CALL BYMD 3:　CALL FXPJJ [End]
3	按住 DEADMAN 开关，按 "RESET"（复位），复位报警	TP开关　急停按钮　USB接口　液晶显示屏　DEADMAN 安全开关　操作键盘
4	然后同时按下 "SHIFT"（上档）键和 "FWD"（下一步）键，检查执行程序（速度为 10%）	SHIFT+FWD
5	检查程序出现异常，及时停止运行，调试异常问题，直至能够运行。机器人系统平台有 4 个急停按钮	示教器急停如步骤 3 图所示
6	增加运行速度到 20%，再次运行程序	+%　-% 速度调节键调速度

自动运行流程见表 3-22。

表 3-22　自动运行流程

序号	操作步骤	图 片 示 例
1	按下"SELECT"（选择）键，显示出程序选择菜单。注：机器人示教器中确保如上程序都存在	
2	按下"向下"键，选择 BYMD-MAIN（搬运码垛主程序），按"ENTER"（回车键），显示程序	
3	示教器模式选择开关旋至 OFF	
4	控制柜操作面板模式选择开关旋至 AUTO	
5	操作面板上，复位闪烁，按一下"复位"键。后续启动键闪烁，按一下"启动"键	

序号	操作步骤	图 片 示 例
6	按下"RESET"（复位），复位报警。取消单步运行的"STEP"键。运转前会出现类似"$"的符号	按下 RESET　　STEP 处理中 单步 暂停 异常 SYST-033 UOP的SFSPD信号丢失 执行 I/O ⑤运转 试运行 FXPJJ 行9 自动 运行中 世界 40%
7	同时按下"SHIFT"（上档）键和"FWD"（下一步）键，自动运行程序（速度不大于5%）	SHIFT+FWD
8	检查程序出现异常，及时停止运行，调试异常问题，直至能够运行	示教器急停如步骤 3 图所示
9	增加运行速度到30%，再次运行程序	+% －% 速度调节键调速度
10	切换机器人模式至手动，断开工作站，所有物料放置相应位置，清理周围卫生，完成实训	

练习题

（1）如何在画面中组态指示灯？

（2）如何在画面中组态按钮？

（3）如何下载组态画面到触摸屏中去？

（4）触摸屏使用什么样的电源？

（5）机器人分为哪几种类型？

项目 4　智能生产线工作站的安装调试

项目 4　课件

学习目标：

（1）能依据技术文件，完成装配和视觉分拣工作站的机械、电气、气路安装；

（2）能进行相应工作站机器人程序的编写；

（3）能进行相应工作站 PLC 程序的编写；

（4）能进行相应工作站触摸屏的编程；

（5）能进行相机视觉程序的编写调试；

（6）了解工业机器人系统集成现状；

（7）熟悉 CHL-DS-11 工业机器人系统集成工作站各个单元及其用途；

（8）掌握 ABB 工业机器人基本操作；

（9）掌握工业机器人离线编程软件 PQArt 基本操作。

任务 4.1　装配工作站的安装调试

任务引入

扫码看微课

　　SYRT-CY10 工业机器人操作与运维实训系统是学习机器人操作及编程维护的教学实训系统，满足"工业机器人操作与运维"等级培训教学及考核要求。SYRT-CY10 实训系统实物图如图 4-1 所示。

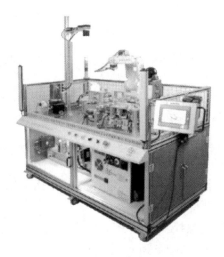

图 4-1　SYRT-CY10 实训系统实物图

SYRT-CY10 实训系统由工作台、安全围栏系统、PLC 主控系统、Fanuc 机器人、搬运码垛模块、装配模块、抛光打磨模块、视觉分拣模块、焊接模块组成。系统采用西门子 1200PLC 作为主控，设备之间采用 Modbustcp 通信协议进行通信，程序编辑通过西门子 TIA Protal V15 进行集成编程，该系统集成了各工作站的程序、驱动参数、人机界面、系统诊断等功能。

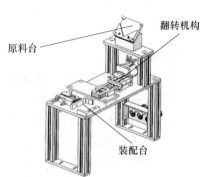

本任务以 SYRT-CY10 实训系统中的工业机器人装配工作站部分为对象开展安装、调试、运行的工作，工业机器人装配工作站是实训系统中的一个部件。本任务针对工业机器人装配工作的程序编写、调试、运行，工作站的安装进行详细的讲解，并设置丰富的实训任务，使学生通过实操进一步理解装配工作站的应用。

工业机器人装配工作站由原料台、翻转机构和装配台组成，工业机器人装配工作站如图 4-2 所示。各部分结构及功能见表 4-1。

图 4-2 工业机器人装配工作站

表 4-1 工业机器人装配工作站结构及功能

名称	结构	动 作
原料台	支撑板、固定座	工件靠自身重力下滑至原料区，机器人在原料区抓取工件
翻转机构	旋转气缸、夹紧气缸、翻转台等	夹紧气缸动作，将工件夹紧，夹紧到位后，旋转气缸动作，将工件翻转 180°
装配台	气缸、定位块	气缸伸出带动定位块将工件固定在装配台上

任务实施

4.1.1 装配工作站机械安装

使用内六角工具，根据图纸的尺寸，固定装配工作站。固定时注意 T 形螺母的朝向，确保 T 形螺母横在槽中。

（1）根据安装尺寸，依照基准对安装板安装尺寸进行画线，以左侧线槽内侧为基准线，在 720mm 处画线。画线 1 如图 4-3 所示。

（2）根据安装尺寸，依照基准对安装板安装尺寸进行画线，以正面线槽内侧为基准线，在 120mm 处画第二条线。画线 2 如图 4-4 所示。

（3）根据画线位置，进行装配工作站固定。将 M6×16 带有平垫螺栓插入装配工作站安装孔内，将 T 形螺母放入型材中。

（4）使用内六角扳手旋转螺栓，进行紧固。固定螺栓时，注意 T 形螺母垂直于基板铝型材线槽。固定装配工作站如图 4-5 所示。

（5）装配工作站安装完毕。

图 4-3　画线 1

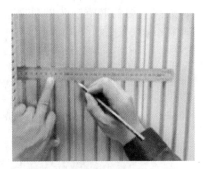
图 4-4　画线 2

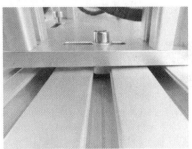
图 4-5　固定装配工作站

4.1.2　装配工作站电气连接

装配工作站内部电气线路已连接完毕。只需要将网线与台体上的交换机连接，电源连接线和台体上的电源模块连接即可。交换机如图 4-6 所示，电源模块如图 4-7 所示。

图 4-6　交换机

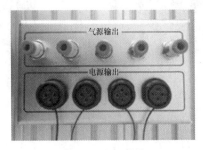
图 4-7　电源模块

（1）将连接电缆的航空插头的母头插入装配工作站航空插头连接器的公头，工作站电缆安装如图 4-8 所示。

图 4-8　工作站电缆安装

（2）将连接电缆的航空插头的另一头（公头）插入电源模块航空插头连接器的母头，电源模块电缆安装如图 4-9 所示。

图 4-9　电源模块电缆安装

（3）将网线水晶头一端插入装配工作站网线口处，工作站网线安装如图 4-10 所示。

图 4-10　工作站网线安装

（4）将网线水晶头另一端插入交换机网线口中。

（5）装配工作站电气连接完毕。

4.1.3　装配工作站气路连接

装配工作站内部气路连接已连接完毕，现只需要将气管与台体上的气路模块连接，工作站气管如图 4-11 所示。

图 4-11　工作站气管

（1）将 $\phi6$ 的蓝色气管一端插入装配气管接口中，如图 4-12 所示。

图 4-12　工作站气管连接

（2）将 $\phi6$ 的蓝色气管另一端插入气源模块气管接口中，装配工作站气路连接完毕，如图 4-13 所示。

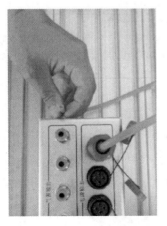

图 4-13　气路模块气管连接

4.1.4　装配工作站工业机器人程序编写

4.1.4.1　程序框架

整个程序框架包括 8 个部分，分别为取吸盘夹具、装配取大料、装配放大料、装配夹紧取料、装配夹紧放料、装配取小料、装配放小料和放吸盘夹具。根据每个框架的动作要求编程。装配程序框架如图 4-14 所示。机器人的点位见表 4-2。然后将机器人的输入输出分配好，具体见表 4-3。

图 4-14　装配程序框架

表 4-2　机器人点位

序号	点位名称	点位描述
1	PR［71］	吸盘工具位置点
2	PR［25］	取大料位置点
3	PR［27］	放大料位置点
4	PR［29］	夹紧取料位置点
5	PR［31］	夹紧放料位置点
6	P［3］	取小料位置点
7	PR［35］	放小料位置点

表 4-3　机器人 IO 表

序号	类型	IO 名称	功　能
1	输出	RO1	夹具安装
2	输出	RO7	吸盘吸附

4.1.4.2　装配主程序

装配主程序如图 4-15 所示。首先初始化机器人 IO（将夹具安装和吸盘吸附功能关闭），再初始化数字 IO（将旋转电磁阀、旋转夹紧电磁阀、装配夹紧电磁阀关闭）。最后依次调用 8 个子程序（取吸盘夹具、装配取大料、装配放大料、装配夹紧取料、装配夹紧放料、装配取小料、装配放小料和放吸盘夹具）。

装配主程序的框架如图 4-16 所示。

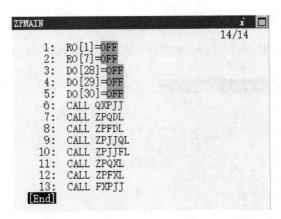

图 4-15　装配主程序

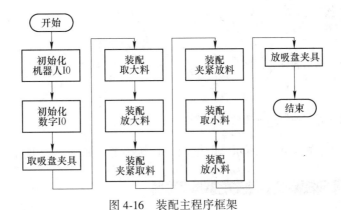

图 4-16　装配主程序框架

4.1.4.3　取吸盘夹具程序及轨迹规划

取吸盘夹具程序如图 4-17 所示，取吸盘夹具轨迹规划如图 4-18 所示。

图 4-17　取吸盘夹具程序

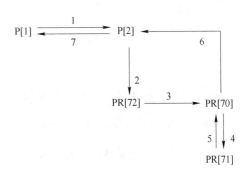

图 4-18　取吸盘夹具轨迹规划

4.1.4.4　放吸盘夹具程序及轨迹规划

放吸盘夹具程序如图 4-19 所示，放吸盘夹具轨迹规划如图 4-20 所示。

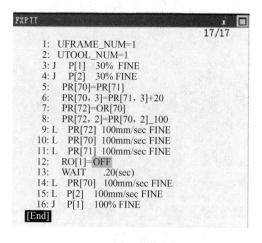

图 4-19　放吸盘夹具程序

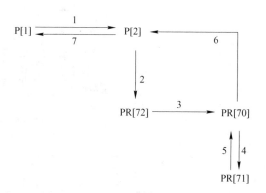

图 4-20　放吸盘夹具轨迹规划

4.1.4.5　装配取大料程序及轨迹规划

装配取大料程序如图 4-21 所示，装配取大料轨迹规划如图 4-22 所示。

图 4-21　装配取大料程序

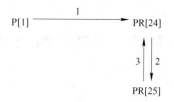

图 4-22　装配取大料轨迹规划

4.1.4.6　装配放大料程序及轨迹规划

装配放大料程序如图 4-23 所示，装配放大料轨迹规划如图 4-24 所示。

4.1.4.7　装配夹紧取料程序及轨迹规划

装配夹紧取料程序如图 4-25 所示，装配夹紧取料轨迹规划如图 4-26 所示。

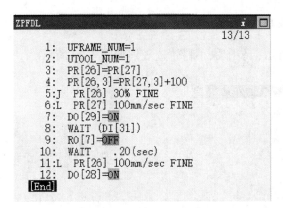

图 4-23　装配放大料程序　　　　　图 4-24　装配放大料轨迹规划

图 4-25　装配夹紧取料程序　　　　　图 4-26　装配夹紧取料轨迹规划

4.1.4.8　装配夹紧放料程序及轨迹规划

装配夹紧放料程序如图 4-27 所示，装配夹紧放料轨迹规划如图 4-28 所示。

图 4-27　装配夹紧放料程序　　　　　图 4-28　装配夹紧放料轨迹规划

4.1.4.9　装配取小料程序及轨迹规划

装配取小料程序如图 4-29 所示，装配取小料轨迹规划如图 4-30 所示。

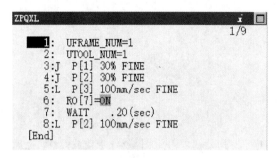

图 4-29　装配取小料程序

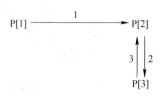

图 4-30　装配取小料轨迹规划

4.1.4.10　装配放小料程序及轨迹规划

装配放小料程序如图 4-31 所示，装配放小料轨迹规划如图 4-32 所示。

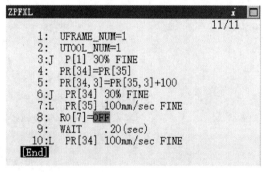

图 4-31　装配放小料程序

图 4-32　装配放小料轨迹规划

4.1.5　装配工作站 PLC 程序编写

（1）首先要把 PLC 编写输入输出口分配好，具体见表 4-4。

（2）双击 TIA PortalV15 ，打开 PLC 编程软件。

（3）单击左下角的项目视图，打开项目视图。

（4）设置 PLC 的 IP 地址为：192.168.1.10，子网掩码为：255.255.255.0。

表 4-4　装配工作站 IO 表

序号	类型	PLC 地址	机器人地址	IO 模块地址	功　　能
1		I21.0	DO28	Q11.0	旋转电磁阀
2	输入	I21.1	DO29	Q11.1	旋转夹紧电磁阀
3		I21.2	DO30	Q11.2	装配夹紧电磁阀

续表 4-4

序号	类型	PLC 地址	机器人地址	IO 模块地址	功 能
4		Q21.0	DI28	I11.0	旋转气缸左极限
5	输出	Q21.1	DI29	I11.1	旋转气缸右极限
6		Q21.2	DI30	I11.2	装配夹紧到位
7		Q21.3	DI31	I11.3	旋转夹紧到位

（5）双击程序块，然后双击 main，打开程序块。

（6）拖拽 FB100 到主程序中，背景数据块为 DB100，单击"确定"，完成调用，如图 4-33 所示。

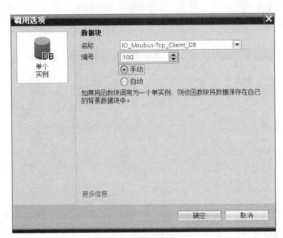

图 4-33 生成 DB100

（7）编写 IO 通信程序，对相应引脚进行数据输入。

（8）IO 通信程序如图 4-34 所示。

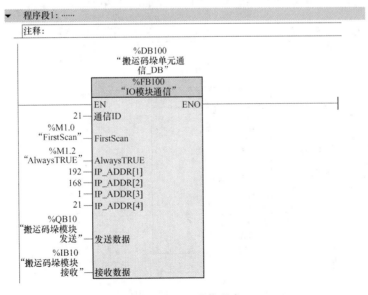

图 4-34 IO 通信程序

装配站 PLC 的通信接口见表 4-5。

表 4-5　装配工作站 IO 通信引脚表

序号	引　　脚	含　　义
1	通信 ID	通道编号
2	FirstScan	第一次扫描
3	AlwaysTRUE	常通
4	IP＿ADDR	IP 地址
5	发送数据	发送数据地址
6	接收数据	接收数据地址

（9）拖拽 FB200 到主程序中，背景数据块为 DB200，单击"确定"，完成调用，生成 DB200 如图 4-35 所示。

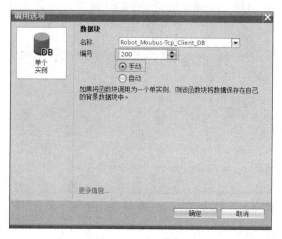

图 4-35　生成 DB200

（10）编写机器人通信程序，机器人通信程序如图 4-36 所示。

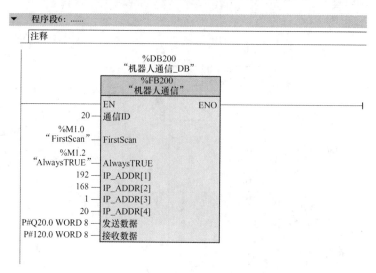

图 4-36　机器人通信程序

机器人通信引脚要根据规定设置，见表 4-6。

表 4-6 机器人通信引脚表

序号	引脚	含　义
1	通信 ID	通道编号
2	FirstScan	第一次扫描
3	AlwaysTRUE	常通
4	IP _ ADDR	IP 地址
5	发送数据	发送数据地址
6	接收数据	接收数据地址

（11）编写机器人与 IO 模块地址对应程序，使用 MOVE 指令编写程序并对相应引脚进行数据输入。机器人与 IO 模块地址对应程序如图 4-37 所示。

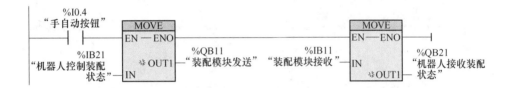

图 4-37　机器人与 IO 模块地址对应程序

4.1.6　装配工作站触摸屏程序编写

装配站触摸屏组态设定输入输出分配见表 4-7。

表 4-7　触摸屏程序 IO 表

序号	类型	地址	功　能
1	输入	I11.0	旋转气缸左极限
2		I11.1	旋转气缸右极限
3		I11.2	装配夹紧到位
4		I11.3	旋转夹紧到位
5	输出	Q11.0	旋转电磁阀
6		Q11.1	旋转夹紧电磁阀
7		Q11.2	装配夹紧电磁阀

（1）双击 Utility Manager ，打开触摸屏编程软件。

（2）选择简单工程，打开新建工程界面。

（3）打开新文件，选择 MT8070IE，单击"确认"，完成项目的新建，如图 4-38所示。

（4）单击新建设备服务器，新建通信，设置 PLC 的 IP 地址为：192.168.1.10。

（5）通过设计软件完成触摸屏组态，最终完成图如图 4-39 所示。

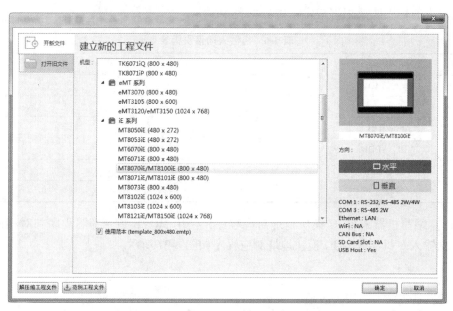

图 4-38　新建项目

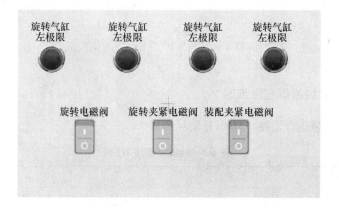

图 4-39　触摸屏画面绘制

4.1.7　装配工作站联合调试

　　根据机器人程序示教机器人点位，保证机器人安全快速完成视觉分拣流程动作。具体流程见表 4-8。

表 4-8　联合调试步骤

序号	调试对象	调试步骤	调试目标
1	取吸盘位置点	（1）安装吸盘夹具到机器人末端； （2）移动机器人到达夹具库位置点； （3）切换坐标系为世界坐标系； （4）示教当前点位 PR［71］点	机器人能顺利安装吸盘工具，运行无碰撞

序号	调试对象	调试步骤	调试目标
2	取大料位置点	（1）安装吸盘夹具到机器人末端； （2）移动机器人到达取料位置点； （3）切换坐标系为世界坐标系； （4）示教当前点位 PR［25］点	机器人能顺利取大料，运行无碰撞
3	放大料位置点	（1）移动机器人到达取料位置点； （2）控制 DO29 输出，翻转夹紧电磁阀夹紧； （3）切换坐标系为世界坐标系； （4）示教当前点位 PR［27］点； （5）控制 DO28 输出，翻转气缸翻转	机器人能顺利放大料，运行无碰撞。 触摸屏能控制电磁阀夹紧和气缸翻转
4	夹紧取料位置点	（1）移动机器人到达夹紧取料位置点； （2）切换坐标系为世界坐标系； （3）示教当前点位 PR［29］点； （4）复位 DO29 输出，夹紧放松； （5）复位 DO28 输出，翻转气缸复位	机器人能顺利到达夹紧取料位置，运行无碰撞。 触摸屏能控制电磁阀松开和气缸复位
5	夹紧放料位置点	（1）移动机器人到达夹紧放料位置点； （2）切换坐标系为世界坐标系； （3）示教当前点位 PR［31］点； （4）控制 DO30 输出，装配夹紧电磁阀夹紧	机器人能顺利到达夹紧放料位置，运行无碰撞。 触摸屏能控制电磁阀松开
6	取小料位置点	（1）移动机器人到达取小料位置点； （2）切换坐标系为世界坐标系； （3）示教当前点位 P3 点； （4）Z 正方向移动 30mm，示教当前点位 P2 点	机器人能顺利到达取小料位置
7	放小料位置点	（1）移动机器人到达放小料位置点； （2）切换坐标系为世界坐标系； （3）示教当前点位 PR［35］点	机器人能顺利到达放小料位置
8	放置物料	（1）在夹具库 1 层 1 列放置一块大物料； （2）在对中台处放置一块小物料； （3）检查二连件压力表的气压在 0.4~0.6MPa	放置物料。 调节气压到合适大小
9	手动运行	（1）按下示教器的 DEAD MAN 开关； （2）按下"RESET"键，复位报警； （3）调整运行速度为 10%； （4）按下"SHIFT"+"FWD"运行程序	机器人能顺利完成整个装配过程，运行无碰撞
10	自动运行	（1）示教器旋钮旋转至 OFF； （2）控制柜面板旋钮旋转到 AUTO； （3）按下"RESET"键，复位报警； （4）调整速度为 10%； （5）按下控制柜面板启动按钮； （6）启动运行程序； （7）增大运行速度，再次运行程序	机器人能顺利完成整个装配过程，运行无碰撞

练习题

（1）装配工作站主要完成哪些功能？

（2）原料台有一定的倾斜角度，怎样做能较快地示教出取小料位置点？

（3）改进机器人程序，完成多个物料的装配。

任务4.2　视觉分拣工作站的安装调试

扫码看微课

任务引入

本任务围绕企业实际生产中的工业机器视觉分拣工作站安装、调试、运行的工作内容展开。就工业机器人视觉分拣工作的程序编写、调试、运行，工作站的安装进行详细地讲解，并设置丰富的实训任务，使学生通过实操进一步理解装配工作站的应用。工业机器人视觉分拣工作站如图4-40所示。

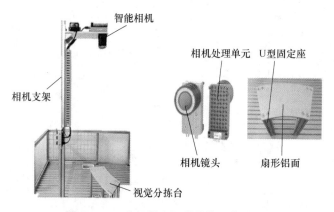

图4-40　工业机器人视觉分拣工作站

任务实施

4.2.1　视觉分拣工作站机械安装

使用内六角工具，根据图纸的尺寸，固定视觉分拣工作站。固定时注意T形螺母的朝向，确保T形螺母横在槽中。

（1）根据安装尺寸，依照基准对安装板安装尺寸进行画线，以左侧线槽内侧为基准线，在245mm处画线。

（2）根据安装尺寸，依照基准对安装板安装尺寸进行画线，以正面线槽内侧为基准线，在260mm处画第二条线。

（3）根据安装尺寸，依照基准对安装板安装尺寸进行画线，以正面线槽内侧为基准线，在170mm处画线。

（4）根据安装尺寸，依照基准对安装板安装尺寸进行画线，以正面线槽内侧为基准线，在 433mm 处画第二条线。

（5）首先将 M6×16 带有平垫螺栓插入视觉分拣模块安装孔内，将 T 形螺母拧入 M6×16 螺栓中；根据画线位置，进行视觉分拣模块固定。使用 M6×16 螺栓对视觉分拣模块进行固定。安放螺栓螺母如图 4-41 所示。

（6）然后使用内六角扳手旋转螺栓进行紧固，固定螺栓时，注意 T 形螺母垂直于基板铝型材线槽，视觉分拣模块安装完毕。

（7）视觉分拣工作站安装完毕。

图 4-41　安放螺栓螺母

4.2.2　视觉分拣工作站电气连接

4.2.2.1　智能相机电气原理图

视觉分拣工作站使用的是海康威视 X86 智能相机，其电气原理图如图 4-42 所示。

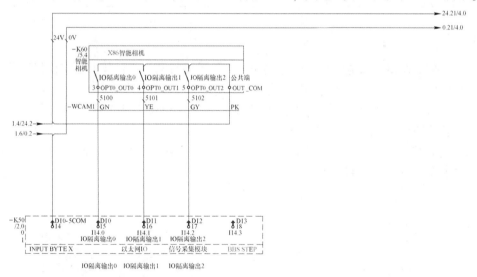

图 4-42　智能相机电气原理图

根据电气原理，可获得智能相机 IO 表，见表 4-9。

表 4-9　智能相机 IO 表

类型	接口名称	代号	功　　能	IO 地址
输入	DI0-5COM	0V	输入 0~5 公共端	—
	IO 隔离输出 0			I14.0
	IO 隔离输出 1			I14.1
	IO 隔离输出 2			I14.2

类型	接口名称	代号	功　能	IO 地址
输出	IO 隔离输入 0			Q14.0
	RL_0_COM	24V	输出 0 公共端	—
	IO 隔离输入 1			Q14.1
	RL_1_COM	24V	输出 1 公共端	—
	IO 隔离输入 2			Q14.2
	RL_2_COM	24V	输出 2 公共端	—

4.2.2.2　材料准备

根据电气原理图，准备电气连接材料，见表 4-10。

表 4-10　电气连接材料

材料名称	作　用	数量	单位
电缆线	连接模块和电源模块，用于模块供电	1	套
网线	连接模块和交换机，用于模块和 PLC 通信	1	根
扎带	绑扎电线	20	根

4.2.2.3　电气连接步骤

视觉分拣工作站内部电气线路已连接完毕，只需要将网线与台体上的交换机连接，电源连接线和台体上的电源模块连接即可。

（1）将连接电缆的航空插头的母头插入视觉分拣模块航空插头连接器的公头，工作站电缆安装如图 4-43 所示。

（2）将连接电缆的航空插头的另一头（公头）插入电源模块航空插头连接器的母头，电源模块电缆安装如图 4-44 所示。

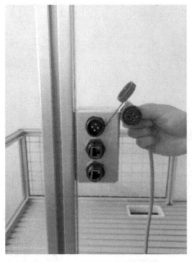

图 4-43　工作站电缆安装

图 4-44　电源模块电缆安装

（3）将网线水晶头一端插入视觉分拣模块网线口处，用扎带绑扎电缆线与网线，如图 4-45 所示。

图 4-45　工作站网线安装

（4）将网线水晶头另一端插入交换机网线口中。

（5）视觉分拣工作站电气连接完毕。

4.2.3　视觉相机与机器人配置

（1）使用 PC 远程桌面连接智能相机。具体过程如图 4-46 所示。

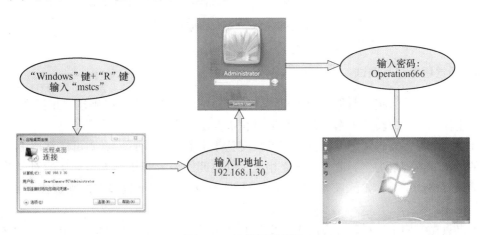

图 4-46　连接智能相机

（2）安装视觉标定工具。在机器人终端安装视觉标定工具，同时放置视觉标定台和料仓，安装视觉标定工具如图 4-47 所示。

（3）设定工具坐标系，使用直接输入法设定吸盘工具的长度为 160mm。直接输入法设定工具坐标系，如图 4-48 所示。

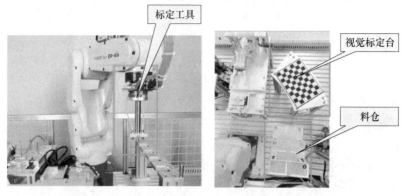

图 4-47　安装视觉标定工具

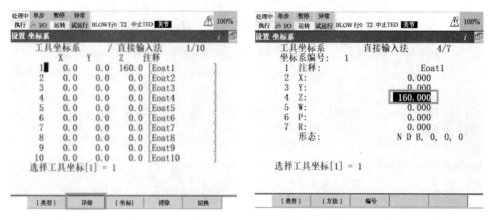

图 4-48　设定工具坐标系

4.2.4　视觉程序编写调试

要实现将相机采集的数据转换为机器人坐标系下的位姿数据，必须建立相机坐标系与机器人坐标系的对应转换关系，该过程通过相机标定来实现。

相机也分平面相机和三维相机，前者只支持平面数据采集，后者则可以获取 x、y、z 空间值。以三维相机为例，要详细建立相机三维空间的位置与机器人坐标系的对应关系，必须通过严格的手眼标定来实现。使用手眼标定算法，通过示教多个点来建立手眼转换关系。

如果只做平面工件抓取，需要工件变化的坐标值 x、y 及绕 z 轴的转动角度 c，进行平面的简单标定即可实现。

（1）打开 Vision master 软件创建视觉文件，如图 4-49 所示。

（2）根据设备使用的智能相机型号，修改相机参数，如图 4-50 所示。

（3）相机标定，在标定纸中设置 9 个标定点编号，并按设置"N 点标定"参数。

（4）物料快速特征，选定所搬运的物料图片为模板，如图 4-51 所示。

图 4-49　创建视觉文件

图 4-50　修改相机参数

（5）标定转换，相机标定的文件导入到程序中，如图 4-52 所示。

（6）变量计算，将图像的像素尺寸转换为实际尺寸。

（7）Modbus 通信设置。对视觉系统进行 Modbus 通信设置，包括设备地址设定为 1，寄存器地址设定为 0，其他参数可默认设置。当有多个寄存器时也可以添加寄存器后设定。

4.2.5　装配工作站工业机器人程序编写

（1）视觉分拣工作站工业机器人程序由视觉分拣主程序、取吸盘夹具、视觉分拣和

图 4-51　物料快速特征

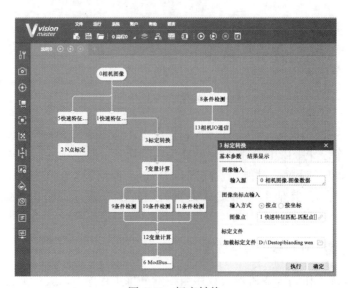

图 4-52　标定转换

放吸盘夹具组成。视觉分拣程序框架如图 4-53 所示；机器人点位分配见表 4-11；机器人输入输出分配表见表 4-12。

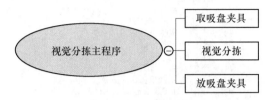

图 4-53　视觉分拣程序框架

表 4-11　机器人点位表

序号	点位名称	点位描述
1	P〔1〕	机器人原点
2	P〔2〕	原点过渡点
3	PR〔90〕	PR〔91〕正上方 20mm
4	PR〔91〕	视觉分拣取料点
5	PR〔92〕	PR〔93〕正上方 20mm
6	PR〔93〕	料仓放料点

表 4-12　机器人 IO 表

序号	类型	IO 名称	功　　能
1	输出	RO1	夹具安装
2	输出	RO7	吸盘吸附

（2）取吸盘夹具程序如图 4-54 所示。

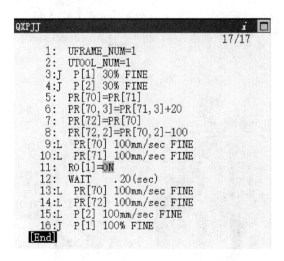

图 4-54　取吸盘夹具程序

（3）放吸盘夹具程序如图 4-55 所示。

```
FXPJJ                                    i  □
                                         17/17
  1:   UFRAME_NUM=1
  2:   UTOOL_NUM=1
  3:J  P[1] 30% FINE
  4:J  P[2] 30% FINE
  5:   PR[70]=PR[71]
  6:   PR[70,3]=PR[71,3]+20
  7:   PR[72]=PR[70]
  8:   PR[72,2]=PR[70,2]-100
  9:L  PR[72] 100mm/sec FINE
 10:L  PR[70] 100mm/sec FINE
 11:L  PR[71] 100mm/sec FINE
 12:   RO[1]=OFF
 13:   WAIT   .20(sec)
 14:L  PR[70] 100mm/sec FINE
 15:L  P[2] 100mm/sec FINE
 16:J  P[1] 100% FINE
[End]
```

图 4-55　放吸盘夹具程序

（4）视觉分拣程序如图 4-56 所示。视觉分拣的轨迹规划分几个步骤实施，其流程如图 4-57 所示。

图 4-56　视觉分拣程序

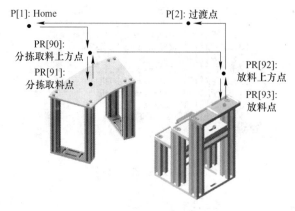

图 4-57　视觉分拣轨迹规划

4.2.6　视觉分拣工作站 PLC 程序编写

（1）双击 TIA PortalV15，打开 PLC 编程软件，其视觉分拣工作站 IO 分配见表 4-13。

（2）单击左下角的项目视图，打开项目视图。

（3）设置 PLC 的 IP 地址为：192.168.1.10，子关掩码为：255.255.255.0。

（4）双击程序块，然后双击 main，打开程序块。

（5）拖拽 FB100 到主程序中，背景数据块为 DB104，单击"确定"，完成调用，如图 4-58 所示。

表 4-13　视觉分拣工作站 IO 表

序号	类型	PLC 地址	机器人地址	IO 模块地址	功能
1	输入	I14.0	DO52	Q24.0	相机拍照
2	输出	Q26.0	DI68		X 坐标正负
3		Q26.1	DI69		Y 坐标正负
4		QW30	GI1		X 坐标绝对值
5		QW32	GI2		Y 坐标绝对值
6		QW34	GI3		角度坐标

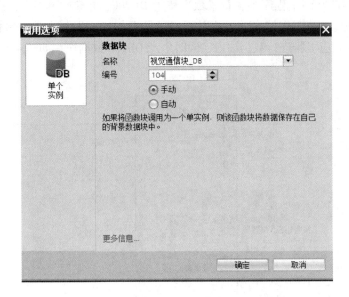

图 4-58　生成 DB104

（6）编写 IO 通信程序（见图 4-59）；视觉分拣工作站 IO 通信引脚表见表 4-14。

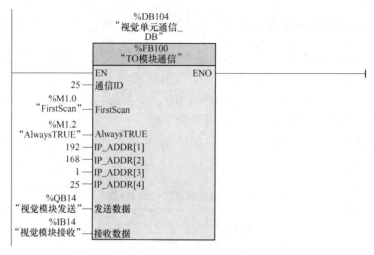

图 4-59　IO 通信程序

表 4-14　视觉分拣工作站 IO 通信引脚表

序号	引　　脚	含　　义
1	通信 ID	通道编号
2	FirstScan	第一次扫描
3	AlwaysTRUE	常通
4	IP ＿ ADDR	IP 地址
5	发送数据	发送数据地址
6	接收数据	接收数据地址

（7）拖拽 FB700 到主程序中，背景数据块为 DB700，单击"确定"，完成调用。

（8）参看视觉分拣工作站视觉通信引脚表（见表 4-15）编写视觉通信程序，将 FB700 拖进 OB1 中，对相应引脚进行数据输入，同时生产 DB700 数据块，如图 4-60 所示。

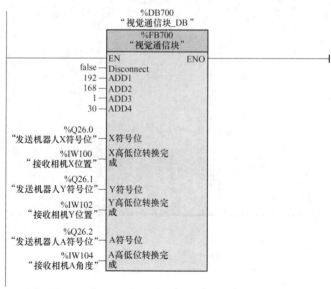

图 4-60　视觉通信程序

表 4-15　视觉分拣工作站视觉通信引脚表

序号	引　脚	含　义
1	Disconnect	断开连接
2	IP _ ADDR	IP 地址
3	符号位	X/Y 坐标值的符号
4	高低位转换完成	X/Y 坐标值

（9）编写机器人与 PLC、视觉位置信息地址对应程序（见图 4-61），使用 MOVE 指令编写程序并对相应引脚进行数据输入。

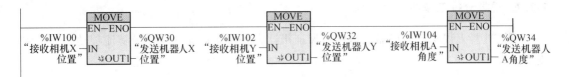

图 4-61　机器人与 PLC、视觉位置信息地址对应程序

（10）根据机器人通信引脚功能含义（见表 4-16）编写机器人通信程序，将 FB200 拖进 OB1 中，对相应引脚进行数据输入，同时生产 DB200 数据块。机器人通信程序如图 4-62 所示。

表 4-16　机器人通信引脚表

序号	引　脚	含　义
1	通信 ID	通道编号
2	FirstScan	第一次扫描
3	AlwaysTRUE	常通
4	IP _ ADDR	IP 地址
5	发送数据	发送数据地址
6	接收数据	接收数据地址

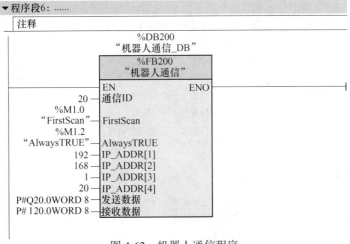

图 4-62　机器人通信程序

（11）使用 MOVE 指令编写机器人与 IO 模块地址对应程序，如图 4-63 所示。

图 4-63　机器人与 IO 模块地址对应程序

4.2.7　视觉分拣工作站联合调试

根据机器人程序示教机器人点位，保证机器人安全快速完成视觉分拣流程动作。具体流程见表 4-17。

表 4-17　分拣工作站联合调试流程表

序号	调试对象	调试步骤	调试目标
1	示教取吸盘位置点	（1）安装吸盘夹具到机器人末端； （2）移动机器人到达夹具库位置点； （3）切换坐标系为世界坐标系； （4）示教当前点位 PR ［71］点	机器人能顺利安装吸盘工具，运行无碰撞
2	示教视觉分拣取料点	示教视觉分拣取料点 PR ［91］	机器人能顺利到达视觉分拣取料点
3	示教料仓放料点	示教料仓放料点 PR ［93］	机器人能顺利到达料仓放料点
4	放置物料	（1）将物料块随机放到视觉分拣台上； （2）检查二连件压力表的气压在 0.4~0.6MPa	放置物料。 调节气压到合适大小
5	手动运行	（1）按下示教器的 DEAD MAN 开关； （2）按下"RESET"键，复位报警； （3）调整运行速度为 10%； （4）按下"SHIFT"+"FWD"运行程序	机器人能顺利完成整个装配过程，运行无碰撞
6	自动运行	（1）示教器旋钮旋转至 OFF； （2）控制柜面板旋钮旋转至 AUTO； （3）按下"RESET"键，复位报警； （4）调整速度为 10%； （5）按下控制柜面板启动按钮； （6）启动运行程序； （7）增大运行速度，再次运行程序	机器人能顺利完成整个装配过程，运行无碰撞

 练习题

（1）视觉分拣工作站主要完成哪些功能？

（2）改进机器人程序，完成多个物料的分拣。

任务 4.3　ABB 机器人基本操作

4.3.1　认识 ABB 机器人

CHL-DS-11 工业机器人系统集成工作站使用的是 ABB 机器人，型号为 IRB 120。IRB 120 机器人是 ABB 第四代机器人系列的最新产品。IRB 120 具有敏捷、紧凑、轻量的特点，控制精度与路径精度俱优，是物料搬运与装配应用的理想选择。其外形如图 4-64 所示。

由于 ABB 工业机器人与 FANUC 工业机器人工作原理类似，本章不再赘述基础知识，只列举出 IRB 120 机器人的基本参数和操作方法。

根据需要选择具体的工业机器人，其中 IRB 120 工业机器人性能参数见表 4-18。

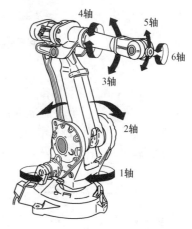

图 4-64　IRB 120 工业机器人

表 4-18　IRB 120 工业机器人性能参数

规 格 参 数			
轴数	6	防护等级	IP30
有效载荷	3kg	安装方式	落地式
到达最大距离	0.58m	机器人底座规格	180mm×180mm
机器人质量	25kg	重复定位精度	0.01mm
运动性能及范围			
轴序号	动作范围		最大速度
1 轴	回转：+165°～-165°		250°/s
2 轴	立臂：+110°～-110°		250°/s
3 轴	横臂：+70°～-90°		250°/s
4 轴	腕：+160°～-160°		360°/s
5 轴	腕摆：+120°～-120°		360°/s
6 轴	腕转：+400°～-400°		420°/s

4.3.2　认识示教器

示教器（简称 TP）是应用工具软件与用户之间实现交互的操作装置，通过电缆与控制装置连接。ABB 工业机器人与 FANUC 工业机器人示教器功能相似，但在结构上存在一些区别。示教器外形如图 4-65 所示。

ABB 机器人示教器由连接电缆、触摸屏、急停开关、手动操作摇杆、USB 接口、使

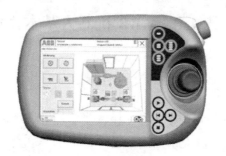

图 4-65　ABB 机器人示教器

能器按钮、触摸屏用笔、示教器复位按钮组成。

　　ABB 机器人示教器的操作界面包含了机器人参数设置、机器人编程及系统相关设置等功能，如图 4-66 所示。

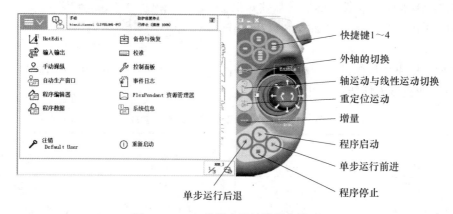

图 4-66　ABB 机器人示教器操作界面

　　操作界面上比较常用的选项包括输入输出、手动操纵、程序编辑器、程序数据、校准和控制面板，如图 4-67 所示。各选项含义见表 4-19。

图 4-67　ABB 机器人示教器选项界面

表 4-19 操作界面各个选项说明

序号	选项名称	功 能 说 明
1	HotEdit	用于设置程序模块下轨迹点位置的补偿
2	输入输出	用于设置及查看 I/O 视图
3	手动操纵	用于更改动作模式设置、坐标系选择、操纵杆锁定及载荷属性；也可用于显示实际位置
4	自动生成窗口	用于在自动模式下，直接调试程序并运行
5	程序编辑器	用于建立程序模块及编程调试
6	程序数据	用于选择编程时所需程序数据的窗口，查看并配置变量数据
7	备份与恢复	用于备份和恢复系统
8	校准	进行转数计数器和电机校准，用于机械零点的校准
9	控制面板	用于对示教器进行相关设定，并对系统参数进行配置
10	事件日志	用于查看系统出现的各种提示信息
11	资源管理器	用于管理系统资源、备份文件等
12	系统信息	用于查看控制器属性及硬件和软件相关信息
13	注销	用于退出当前用户权限
14	重新启动	用于重新启动系统

4.3.3 机器人的配置

4.3.3.1 标准 IO 板配置

标准 IO 板配置——DSQC652 的步骤如下：

（1）点击"ABB 主菜单"，如图 4-68 所示。

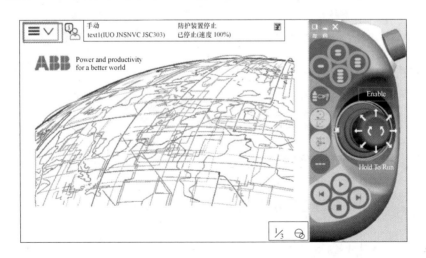

图 4-68 点击"ABB 主菜单"

（2）点击"控制面板"，如图 4-69 所示。

图 4-69　点击"控制面板"

（3）点击"配置"，如图 4-70 所示。

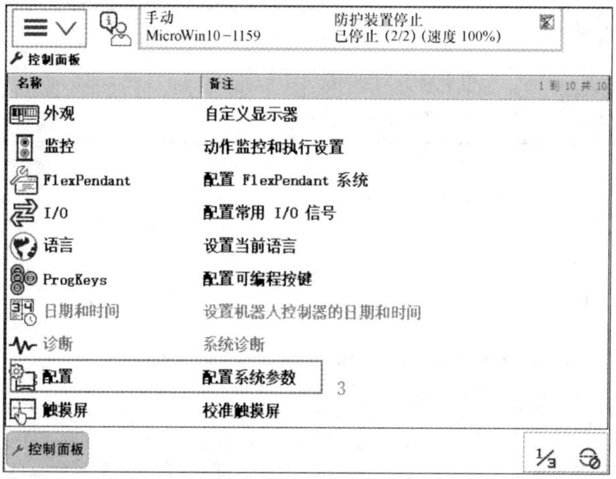

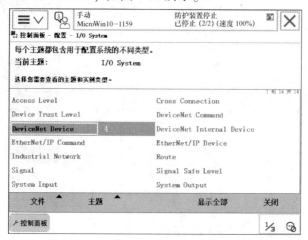

图 4-70　点击"配置"

（4）点击"DeviceNet Device"，如图 4-71 所示。

图 4-71　点击"DeviceNet Device"

（5）点击"添加"。

（6）选择"DSQC 652 24 VDC I/O Device"，如图 4-72 所示。

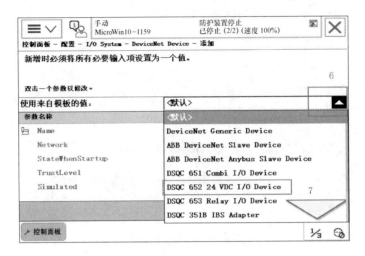

图 4-72　选择"DSQC 652 24 VDC I/O Device"

（7）修改 Address 的值为 10，如图 4-73 所示。

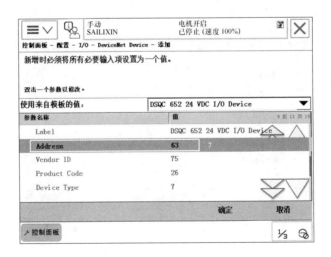

图 4-73　修改 Address

（8）点击"确定"，进行重启。

4.3.3.2　配置 IO 信号

（1）点击"ABB 主菜单"，如图 4-68 所示。

（2）点击"控制面板"，如图 4-69 所示。

（3）点击"配置"，如图 4-70 所示。

（4）点击"Signal"，如图 4-74 所示。

（5）进入页面后，全部选定，然后点击"添加"。

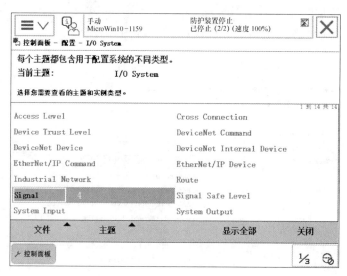

图 4-74　点击"Signal"

（6）配置参数：Assigned to Device 板选择 d652 的，远程 IO 选择 Board11，如图 4-75 所示。

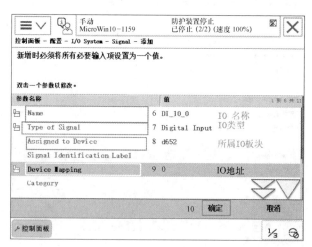

图 4-75　配置参数

（7）点击"是"，进行重启。

4.3.4　机器人的编程语句

4.3.4.1　运动指令

ABB 机器人在空间中运动主要有绝对位置运动（MoveAbsJ）、关节运动（MoveJ）、线性运动（MoveL）和圆弧运动（MoveC）四种方式。

A　绝对位置运动指令

绝对位置运动指令通过速度数据 v1000 和区域数据 z50，机械臂以及工具 Tool0 得以沿非线性路径运动至绝对轴位置。其应用如图 4-76 所示。绝对位置各个运动指令含义见表 4-20。

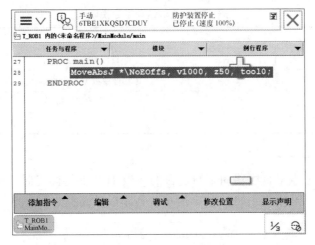

图 4-76　绝对位置运动指令

表 4-20　绝对位置运动指令说明

参　　数	定　　义
*	目标点位置数据
\ NoEOffs	外轴不带偏移数据
v1000	运动速度数据，1000mm/s
z50	转弯区数据
tool0	工具坐标数据

B　关节运动指令

当该运动无须位于直线中时，MoveJ 用于将机械臂迅速地从一点移动至另一点。机械臂和外轴沿非线性路径运动至目的位置。所有轴均同时达到目的位置。其应用如图 4-77 所示。

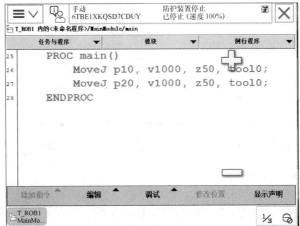

图 4-77　关节运动指令

关节运动指令说明见表 4-21。将工具的工具中心点 tool0 沿非线性路径移动至位置 p10(p20)，其速度数据为 v1000，且区域数据为 z50。

表 4-21　关节运动指令说明

参　　数	定　　义
p10、p20	目标点位置数据
v1000	运动速度数据，1000mm/s
Z50	转弯区数据（mm）
Tool0	工具坐标数据

C　线性运动指令

用于将工具中心点沿直线移动至给定目的。当 TCP 保持固定时，则该指令亦可用于调整工具方位。线性运动指令如图 4-78 所示。具体指令说明见表 4-22。

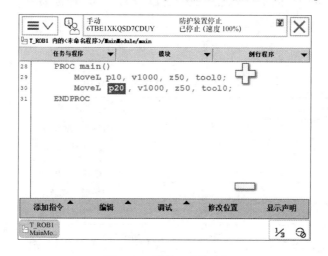

图 4-78　线性运动指令

表 4-22　线性运动指令说明

参数	定　　义
p10、p20	目标点位置数据
v1000	运动速度数据，1000mm/s
z50	转弯区数据（mm）
tool0	工具坐标数据

将工具的工具中心点 tool0 沿线性路径移动至位置 p10（p20），其速度数据为 v1000，且区域数据为 z50。

D　圆弧运动指令

MoveC 用于将工具中心点（TCP）沿圆周移动至给定目的地。移动期间，该周期的方位通常相对保持不变。圆弧运动指令如图 4-79 所示。圆弧运动指令说明可见表 4-23。

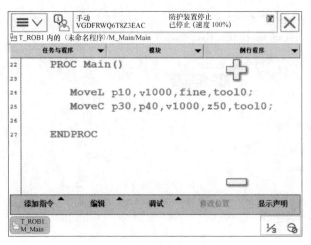

图 4-79　圆弧运动指令

表 4-23　圆弧运动指令说明

参数	含　义
p10	圆弧的第一个点
p30	圆弧的第二个点
p40	圆弧的第三个点
v1000	运动速度数据，1000mm/s
z50	转弯区数据（mm）
tool0	工具坐标数据

将工具的工具中心点 tool0 沿线性路径移动至位置 p10，其速度数据为 v1000，且区域数据为 fine。

将工具的工具中心点 tool0 沿圆周移动至位置 p2，其速度数据为 v500 且区域数据为 z30。根据起始位置 p10、圆周点 p30 和目的点 p40，确定该循环。

4.3.4.2　IO 指令

A　Set 数字信号置位指令

Set 数字信号置位指令用于将数字输出（Digital Output）置位为 1（见图 4-80），即将信号 DO1 设置为 1。

B　Reset 数字信号复位指令

Reset 数字信号复位指令用于将数字输出（Digital Output）复位为 0（见图 4-81），即是将信号 DO1 设置为 0。

如果在 Set、Reset 指令前有运动 MoveL、MoveJ、MoveC、MoveAbsJ 的转弯区数据，必须使用 fine 才可以准确地输出 I/O 信号状态的变化。

C　SetGO 改变一组数字信号输出信号的值

将信号 go2 设置为 12，如图 4-82 所示。SetGO 指令中，go2 为组数字输出信号，见表 4-24。

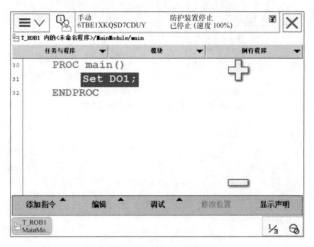

图 4-80　置位指令

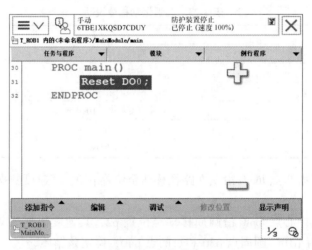

图 4-81　复位指令

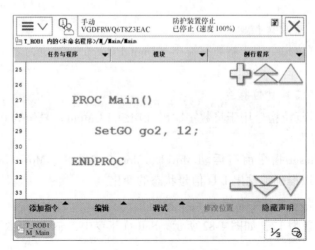

图 4-82　SetGO 指令

表 4-24   SetGO 指令说明

参数	含义
go2	组数字输出信号
12	设置输出值

如果 go2 包含 4 个信号，例如，输出 6~9，则将输出 6 和 7 设置为 0，并将输出 8 和 9 设置为 1。

D   WaitDI 数字输入信号判断指令

WaitDI 数字输入信号判断指令用于判断数字输入信号的值是否与目标一致。在程序执行此指令时，等待 DI1 的值为 1，如图 4-83 所示。DI1 为数字输入信号。

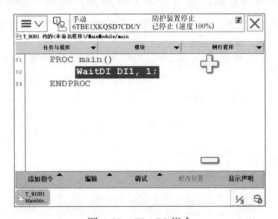

图 4-83   WaitDI 指令

如果 DI1 为 1，则程序继续往下执行；如果达到最大等待时间 300s 以后（可以设定比 300s 小的时间），DI1 的值还不为 1，则机器人报警或进入出错处理程序。

E   WaitUntil 信号判断指令

WaitUntil 信号判断指令，用于布尔量、数字量和 IO 信号的判断，如果条件达到指令中的设定值，程序继续往下执行，否则一直等待，除非设定了最大等待时间。程序等待 DI1 的值为 1；等待 DO1 的值为 1；等待 flag1 的值为 TRUE；等待 reg1 的值为 10，如图 4-84所示。具体指令说明见表 4-25。

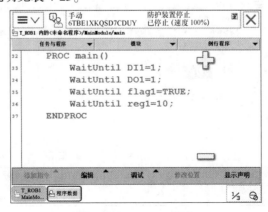

图 4-84   WaitUntil 指令

表 4-25　**WaitUntil 指令说明**

参数	含　义
DI1	数字输入信号
DO1	数字输出信号
flag1	布尔量
reg1	数字量

F　PulseDO 脉冲输出指令

PulseDO 用于产生关于数字信号输出信号的脉冲。DO1 为数字输出信号，如图 4-85 所示。在程序执行此指令时，输出信号 DO1 产生脉冲长度为 0.2s 的脉冲。

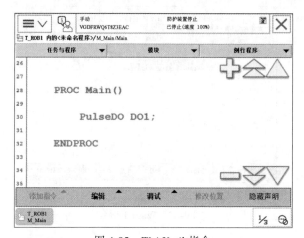

图 4-85　WaitUntil 指令

4.3.4.3　赋值指令

"：＝"赋值指令用于对程序数据进行赋值。赋值可以是一个常量或数学表达式。

A　常量赋值

如图 4-86 所示，常量 6 赋值给变量 reg1。

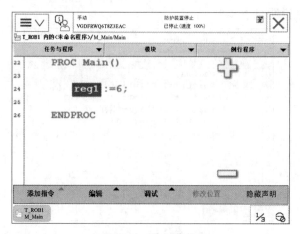

图 4-86　常量赋值

B　表达式赋值

如图 4-87 所示，表达式 reg1+1 赋值给变量 reg2。

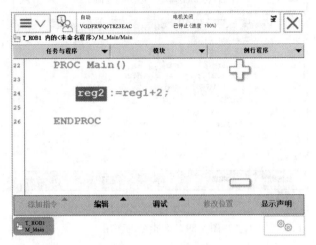

图 4-87　表达式赋值

4.3.4.4　逻辑判断指令

逻辑判断指令用于对条件进行判断后，执行相应的操作，是 RAPID 中重要的组成部分。

A　Compact IF 紧凑型条件判断指令

如图 4-88 所示，如果 flag1 的状态为 TRUE，则 reg1 被赋值为 1。

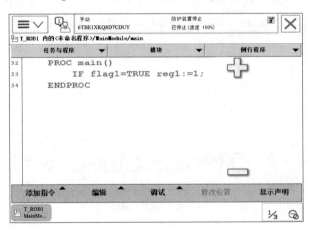

图 4-88　Compact IF 指令

B　IF 条件判断指令

IF 指令的使用如图 4-89 所示，其语句含义分别为：

（1）如果 reg1 为 1，则表达式 reg1+1 赋值给 reg2；

（2）如果 reg1 为 2，则 TRUE 赋值给 flag1。

除了以上两种条件之外，则执行 DO1 置位为 1。

条件判定的条件数量可以根据实际情况进行增加与减少。

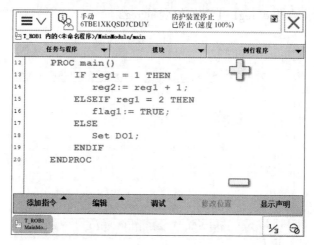

图 4-89　IF 指令的使用

C　TEST 逻辑指令

如图 4-90 所示，根据表达式或数据的值，当有待执行不同的指令时，使用 TEST。

如果并没有太多的替代选择，则亦可使用 IF…ELSE 指令。

根据 reg1 的值，执行不同的指令。如果该值为 1、2 或 3 时，则执行 routine1。如果该值为 4，则执行 routine2。

否则，打印出错误消息，并停止执行。

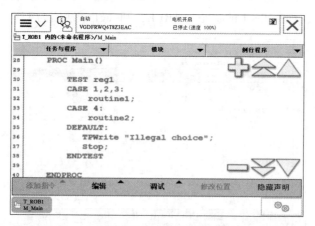

图 4-90　TEST 指令

D　FOR 重复执行判断指令

当一个或多个指令重复多次时，使用 FOR 指令。如图 4-91 所示，reg1 自加 1 重复执行 10 次。

E　WHILE 条件判断指令

WHILE 条件判断指令，用于在给定条件满足的情况下，一直重复执行对应的指令。

如图 4-92 所示，当 reg1 = 1 的条件满足的情况下，就一直执行 DO1 置位的操作。

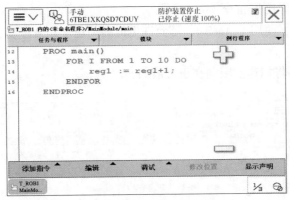

图 4-91 FOR 指令

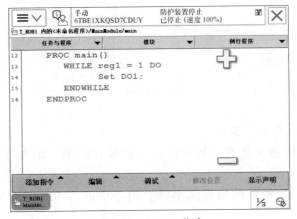

图 4-92 WHILE 指令

4.3.4.5 其他指令

A WaitTime 时间等待指令

WaitTime 用于等待给定的时间。该指令亦可用于等待，直至机械臂和外轴静止。如图 4-93 所示，等待 3s 以后，程序向下执行。

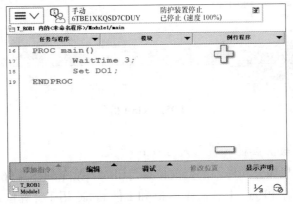

图 4-93 WaitTime 指令

B　AccSet 降低加速度指令

处理脆弱负载时，使用了 AccSet，可允许更低的加速度和减速度，使得机械臂的移动更加顺畅。

如图 4-94 所示，将加速度限制在正常值的 50%。

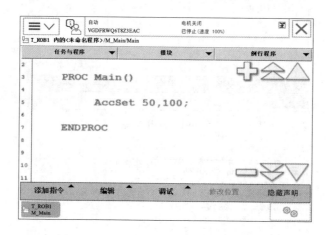

图 4-94　AccSet 指令

C　VelSet 改变编程速率指令

VelSet 用于增加或减少所有后续定位指令的编程速率。该执行同时用于使速率最大化。

如图 4-95 所示，将所有的编程速率降至指令中值的 50%。不允许 TCP 速率超过 800mm/s。

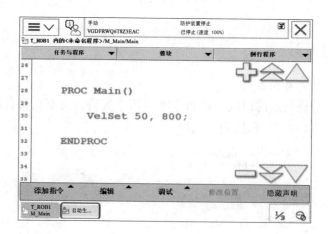

图 4-95　VelSet 指令

D　CRobT 读取当前位置（机器人位置）数据

CRobT 用于读取机械臂和外轴的当前位置。CRobT 指令如图 4-96 所示，将机械臂和外轴的当前位置储存在 PHere 中。工具 tool0 和工件 wobj0 用于计算位置。

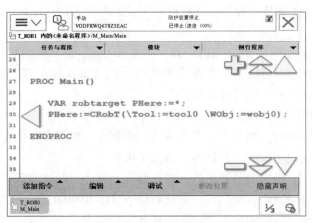

图 4-96　CRobT 指令

E　Incr 增量为 1

Incr 用于向数值变量或者永久数据对象增加 1。

如图 4-97 所示，将 1 增加至 reg1，即 reg1：＝reg1+1。

图 4-97　Incr 指令

 练习题

（1）比较 ABB 工业机器人与 FANUC 工业机器人的相同点和不同点。

（2）使用 ABB 工业机器人完成 CHL-DS-11 工业机器人系统集成工作站上的各个单位工作任务。

任务 4.4　工业机器人离线编程技术

扫码看微课

4.4.1　工业机器人离线编程技术介绍

离线编程是将现实的机器人工作场景通过虚拟的三维模型在软件中仿真，通过对于软件的操作使得机器人生成任务程序，在软件中生成的机器人程序可导出再导入到真实机器人中运行。

使用三维 CAD 模型确定 TCP 点的位置、机器人姿态，然后配置机器人碰撞检测设置轨迹规划，设置好轨迹以后进行工艺顺序的优化，经过 I/O 控制程序的转化进行仿真运行，经过修改标定以后最终生成机器人程序。

与在线示教编程相比，离线编程具有如下特点：

（1）减少停机的时间，当对下一个任务进行编程时，机器人可仍在生产线上工作；

（2）使编程者远离危险的工作环境，改善了编程环境；

（3）使用范围广，可以对各种机器人进行编程，并能方便地实现优化编程；

（4）便于和 CAD/CAM 系统结合，做到 CAD/CAM/ROBOTICS 一体化；

（5）可使用高级计算机编程语言对复杂任务进行编程；

（6）便于修改机器人程序。

目前应用的主流的工业机器人离线编程仿真软件如下。

（1）RobotMaster。RobotMaster 来自加拿大，由上海傲卡自动化代理，是目前离线编程软件国外品牌中的顶尖的软件，几乎支持市场上绝大多数机器人品牌。

RobotWorks 是来自以色列的机器人离线编程仿真软件，与 RobotMaster 类似，是基于 Solidworks 做的二次开发。

（2）ROBCAD。ROBCAD 是西门子旗下的软件，软件较庞大，重点在生产线仿真，价格也是同软件中最贵的。软件支持离线点焊、支持多台机器人仿真、支持非机器人运动机构仿真，有精确的节拍仿真，ROBCAD 主要应用于产品生命周期中的概念设计和结构设计的两个前期阶段。

（3）DELMIA。DELMIA 是达索旗下的 CAM 软件，大名鼎鼎的 CATIA 是达索旗下的 CAD 软件。DELMIA 有六大模块，其中 Robotics 解决方案涵盖汽车领域的发动机、总装和白车身（Body-in-White），航空领域的机身装配、维修维护，以及一般制造业的制造工艺。

（4）RobotStudio。RobotStudio 是瑞士 ABB 公司配套的软件，是机器人本体商中软件做得最好的一款，RobotStudio 支持机器人的整个生命周期，使用图形化编程、编辑和调试机器人系统来创建机器人的运行，并模拟优化现有的机器人程序。

（5）ROBOGUIDE。ROBOGUIDE 是一款 FANUC 自带的支持机器人系统布局设计和动作模拟仿真的软件，可以进行系统方案的布局设计、机器人干涉性可达性的分析和系统的节拍估算，还能够自动生成机器人的离线程序、进行机器人故障的诊断和程序的优化等。

（6）PQArt。PQArt 工业机器人离线编程仿真软件是北京华航唯实机器人科技股份有限公司推出的工业机器人离线编程仿真软件。经过多年的研发与行业应用，PQArt 掌握了离线编程多项核心技术，包括高性能 3D 平台、基于几何拓扑与历史特征的轨迹生成与规划、自适应机器人求解算法与后置生成技术、支持深度自定义的开放系统架构、事件仿真与节拍分析技术、在线数据通信与互动技术等。它的功能覆盖了机器人集成应用完整的生命周期，包括方案设计、设备选型、集成调试及产品改型。PQArt 在打磨、抛光、喷涂、涂胶、去毛刺、焊接、激光切割、数控加工、雕刻等领域有多年的积淀，并逐步形成了成熟的工艺包与解决方案。

中职、高职国赛机器人相关赛项也在使用 PQArt 软件进行比赛。

4.4.2　PQArt 基本操作

4.4.2.1　PQArt 界面介绍

PQArt 软件主要由主界面、菜单栏、调试面板和机器人控制面板组成。其中主界面是模型放置的地方；菜单栏提供了各项仿真需要的操作；调试面板用于查看项目及仿真轨迹；机器人控制面板用于控制机器人的运动。

4.4.2.2　三维球的基本操作

A　三维球操作工具

三维球是一个非常直观的操作工具。它可以通过平移、旋转和其他复杂的三维空间变换精确定位任何一个三维物体，还可以附着在多种三维物体之上，从而方便地对它们进行移动、相对定位和距离测量。

B　三维球的结构

三维球拥有三个定向控制手柄，三个方向上的圆周，一个中心点。在实际的应用中它的主要功能是解决软件应用中元素、零件，以及装配体的空间点定位，空间角度定位的问题。定向控制手柄解决实体的方向；中心点解决空间定位，圆周解决角度定位。三维球如图 4-98 所示。

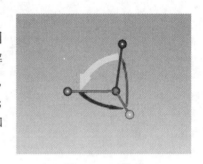

图 4-98　三维球

C　三维球的重新定位

三维球定位有两种状态，见表 4-26。

表 4-26　三维球状态

状态	解　析
灰色	在此状态下移动三维球只能改变三维球位置
彩色（激活）	在此状态下移动三维球会移动所选物料位置

D　三维球重定位

以"工"型物料为例，进行三维球的重定位操作。

(1) 单击选中"工"型物料，在菜单栏选中三维球；右击中心点，选择到点。

(2) 也可以捕捉到物料上的基准点。

E　三维球的中心点的定位方法

三维球的中心点，可进行点定位。单击三维球中心点的右键出现菜单，点击"到点"即可实现点定位。参考表 4-27 进行操作。

表 4-27　操作解析

操作	解　析
编辑位置	弹出位置输入框输入相对节点的 X、Y、Z 三个方向的坐标值

续表 4-27

操作	解　　析
到点	使三维球附着的元素移动到第二个操作对象的选定点
到中心点	使三维球附着的元素移动到某一特征体的中心位置
点到点	使三维球附着的元素移动到两点连线的中心
到边的中点	使三维球附着的元素移动到第二个操作对象上某一条边的中点

F　三维球定向控制手柄

选择三维球的定向控制手柄，右击鼠标，出现定向控制手柄右键菜单，如图 4-99 所示。具体操作见表 4-28。

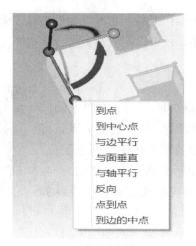

图 4-99　控制手柄定位

表 4-28　控制手柄的定位方法

操作	解　　析
到点、到中心点、到边的中点	鼠标捕捉的定向控制手柄指向规定点、圆心点、中点
点到点、与边平行、与面垂直、与轴平行	鼠标捕捉的定向控制手柄与两个点的连线平行、与选取边平行、与面垂直、与轴线平行
反向	三维球带动元素在选中的定向控制手柄方向旋转 180°

4.4.2.3　PQArt 快捷键

操作 PQArt 时，可使用快捷键增加工作效率。各个功能快捷键见表 4-29。

表 4-29　PQArt 快捷键

快捷键名称/操作	快捷键作用
滚轮	放大缩小
按住滚轮	切换观察视角
滚轮+Shift	拖动整个平面

快捷键名称/操作	快捷键作用
A	显示/隐藏世界坐标系
F10	开关三维球
空格	取消/恢复三维球关联
F8	调整所有模型到视野中心
Crtl+S	保存当前工程文件
Crtl+Z	撤销
Crtl+Y	恢复
Crtl+N	新建
Crtl+O	打开文档

4.4.3　从零开始搭建工作站

（1）打开 PQArt 软件。

（2）点击菜单栏工作站，选择 CHL-GY-11 工作站从零搭建工作站。

（3）点击菜单栏工作站，选择 ABB-IRB1410 型号机器人。

（4）选中安全防护房，点击三维球，将安全防护房移至地面一角。

（5）用同样的方法将工业机器人移至合适的位置。

（6）将剩下的部件逐一点击三维球，安放在合适的位置。完成工作站搭建。

（7）保存文件。

4.4.4　工业机器人写字

（1）打开 PQArt 软件。

（2）点击菜单栏工作站，选择 ABB 机器人写字，写成一个"梦"字。

（3）点击菜单栏中的生成轨迹，在面板的类型中选择一个面的一个环，如图 4-100 所示。

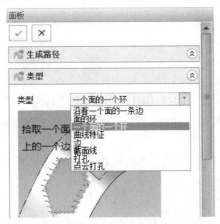

图 4-100　选择轨迹类型

（4）点击拾取元素的线，选择"木"字的边缘，点击拾取元素的面，选择"木"字的底面，如图 4-101 所示。

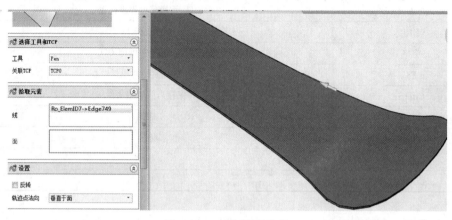

图 4-101　选取轨迹元素

（5）点击对钩，生成"木"字机器人轨迹。

（6）可用同样的方法生成其他两段轨迹，如图 4-102 所示。

（7）点击编译按钮，此时会在输出窗口看到大量轴超限。此时需要对轨迹进行优化，否则机器人无法正常工作。

（8）在调试面板中依次右击 3 条轨迹，选择选项"Z 轴固定"，将 Z 轴固定。

（9）再次点击编译按钮，输出窗口正常。

（10）保存文件。

图 4-102　生成其他两段轨迹

（11）点击后置按钮，在弹出的后置处理窗口中命名程序，点击生成文件。

（12）ABB 机器人程序会在后置代码编辑器中显示出来。点击导出按钮，ABB 机器人的 mod 程序文件即可保存到电脑上。用 U 盘将文件导入到 ABB 机器人示教器中即可完成机器人实体书写"梦"字。

4.4.5　工业机器人轮毂打磨

（1）打开 PQArt 软件。

（2）点击菜单栏工作站，选择 CHL-DS-11 轮毂打磨工作站。轮毂共有 4 个面需要打磨，由周围 3 个面和中间一个面组成，如图 4-103 所示。

（3）首先打磨周围 3 个面，点击菜单栏中生成轨迹，在面板的类型中选择沿着一个面的一条边。

（4）依次选好边、面和截止点。

（5）用同样的方法依次选好另外两块面的边、面和截止点，如图 4-104 所示。

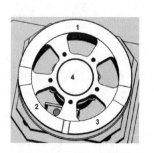

图 4-103　待打磨轮毂

（6）点击对勾，生成机器人轨迹。

（7）最后打磨中间一个面，点击菜单栏中的生成轨迹，在面板的类型中选择一个面的一个环，如图 4-105 所示。

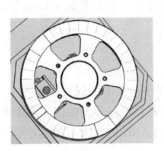

图 4-104 选择边、面和截止点

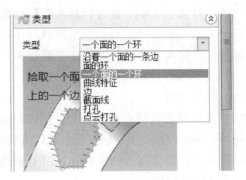

图 4-105 选择轨迹

（8）依次选好线和面。

（9）点击对钩，生产机器人轨迹。

（10）在调试面板中依次右击 4 条轨迹，选择选项 "Z 轴固定"。

（11）点击编译按钮。

（12）保存文件。

（13）点击后置按钮，在弹出的后置处理窗口中命名程序，点击生成文件，如图4-106 所示。

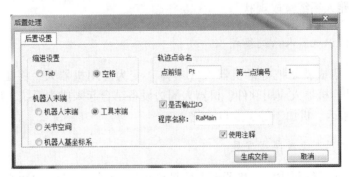

图 4-106 后置处理生成文件

（14）ABB 机器人程序会在后置代码编辑器中显示出来。点击导出按钮，ABB 机器人的 mod 程序文件即可保存到电脑上。用 U 盘将文件导入到 ABB 机器人示教器中即可完成机器人实体打磨轮毂。

4.4.6 工业机器人搬运码垛

（1）打开 PQArt 软件。

（2）点击菜单栏工作站，选择 CHL-DS-01 码垛工作站。

（3）右击夹爪快换工具，点击安装（生成轨迹），并设置出入刀点为 300mm。此时机器人安装夹爪快换工具到法兰盘上。

（4）右击夹爪快换工具，点击抓取（生成轨迹）。选择被抓取的物体及抓取位置，并设置出入刀点为 300mm。此时机器人顺利抓取了物块。

（5）右击夹爪快换工具，点击放开（生成轨迹）。选择被放开的物体及放开位置，并设置出入刀点为 200mm。此时机器人顺利抓取了物块。

（6）右击夹爪快换工具，点击卸载（生成轨迹），并设置出入刀点为 300mm。此时机器人卸载夹爪快换工具到夹爪工具支架上。

（7）点击编译按钮进行编译。

（8）保存文件。

（9）点击后置按钮，在弹出的后置处理窗口中命名程序，点击生成文件。

（10）ABB 机器人程序会在后置代码编辑器中显示出来。点击导出按钮，ABB 机器人的 mod 程序文件即可保存到电脑上。用 U 盘将文件导入到 ABB 机器人示教器中即可完成机器人实体搬运码垛。

练习题

（1）工业机器人离线编程有哪些特点？

（2）使用 PQArt 软件，完成 CHL-DS-11 工业机器人系统集成工作站离线仿真。

任务 4.5　工业机器人系统集成认识及应用

扫码看微课

4.5.1　工业机器人系统集成现状

4.5.1.1　认识机器人系统集成

工业机器人集成就是把标准机器人（本体）变为应用机器人。将工业机器人本体、机器人控制软件、机器人应用软件、机器人周边设备结合起来成为系统，应用于焊接、打磨、上下料 、搬运、机加工等工业自动化。

4.5.1.2　机器人系统集成发展

在工业机器人系统集成中，机器人本体是系统集成的中心，它的性能决定了系统集成的水平。我国的机器人研发起步较晚，与国外的机器人性能水平有较大差距，因此目前的系统集成仍然以国际品牌为核心，但在不懈的努力下，国产特种类机器人水平后起之势明显。

工业机器人系统集成商处于机器人产业链的下游应用端，为终端客户提供应用解决方案，其负责工业机器人应用二次开发和周边自动化配套设备的集成，是工业机器人自动化应用的重要组成。只有机器人本体是不能完成任何工作的，需要通过系统集成之后才能为终端客户所用。相较于机器人本体供应商，机器人系统集成供应商还要具有产品设计能力、对终端客户应用需求的工艺理解、相关项目经验等，提供可适应各种不同应用领域的标准化、个性化成套装备。从产业链的角度看，机器人本体（单元）是机器人产业发展的基础，而下游系统集成则是机器人商业化、大规模普及的关键。机器人本体由于技术壁垄较高，有一定垄断性，议价能力比较强，毛利较高。而系统集成的壁垒相对较低，与上下游议价能力较弱，毛利水平不高，但其市场规模要远远大于本体市场。

设计工业机器人系统集成技术方案时需要考虑以下要素：

（1）解读分析工业机器人工作任务；

（2）工业机器人的合理选型；

（3）末端执行器的合理选用或设计；

（4）工艺辅助软件的选择和使用；

（5）外部设备的合理选择；

（6）外部控制系统的设计和选型；

（7）系统的电路与通信配置；

（8）系统安装与调试。

工业机器人系统集成技术有如下特点：

（1）模块化与可重构化是现阶段机械架构发展的主要动向；

（2）选用工业以太网通信方式完成设备端的控制和信息采集，增加 MES 系统完成对生产全流程的监控和优化，实现智能化生产；

（3）利用互联网将产品制造过程数据和设备运行状态数据上传到云服务器中存储，在确保身份信息验证正确的前提下可通过移动终端实现对云服务器中数据的实时访问；

（4）以智能制造技术为基础，在现有设备单元的基础上，结合工业机器人、视觉等设备，实现柔性化生产。

4.5.2　CHL-DS-11 工业机器人系统集成工作站

CHL-DS-11 工业机器人系统集成工作站如图 4-107 所示，以汽车行业的轮毂为产品对象（见图 4-108），实现了仓库取料、制造加工、打磨抛光、检测识别、分拣入位等生产工艺环节，以未来智能制造工厂的定位需求为参考，通过工业以太网完成数据的快速交换和流程控制，采用 PLC 实现灵活的现场控制结构和总控设计逻辑，利用 MES 系统采集所有设备的运行信息和工作状态，融合大数据实现工艺过程的实施调配和智能控制，借助云网络体现系统运行状态的远程监控。

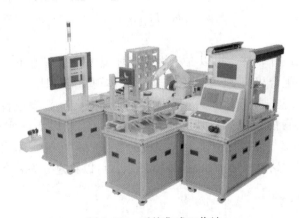

图 4-107　系统集成工作站

智能制造单元系统集成应用平台以模块化设计为原则，每个
单元间安装在可自由移动的独立台架上，布置远程 IO 模块通过工
业以太网实现信号监控和控制协调，用以满足不同的工艺流程要
求和功能实现，充分体现出系统集成的功耗、效率及成本特性。
每个单元的四边均可以与其他单元进行拼接，根据工序顺序，自
由组合成适合不用功能要求的布局形式，体现出系统集成设计过
程中空间规划内容。

图 4-108　轮毂产品

　　智能制造单元系统集成应用平台的核心点是利用工业以太网
将原有设备层、现场层、应用层的控制结构扁平化，实现一网到
底，控制与设备间的直接通信，多类型设备间的信息兼容，系统间的大数据交换，同时在
总控端融入云网络，实现数据远程监控和流程控制，如图 4-109 所示。

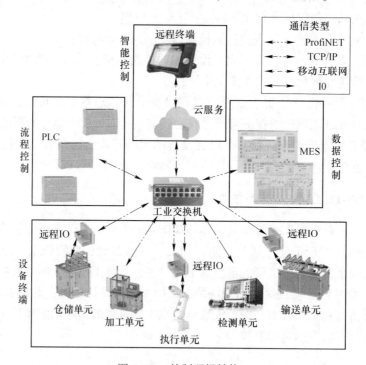

图 4-109　控制逻辑结构

　　借助计算机辅助设计软件，可以在三维虚拟环境中模拟搭建布局结构，仿真动作过
程，验证各单元间的配合相关度，提高工作效率，体现智能设计。

　　智能制造单元系统集成应用平台（简称为"应用平台"）集成智能仓储物流、工业
机器人、数控加工、智能检测等模块，利用物联网、工业以太网实现信息互联，依托
MES 系统实现数据采集与可视化，接入云端借助数据服务实现一体化联控，满足轮毂的
定制化生产制造。工作站整体结构如图 4-110 所示，可以将之分为 8 个单元。

4.5.2.1　执行单元

执行单元是产品在各个单元间转换和定制加工的执行终端，是应用平台的核心单元，

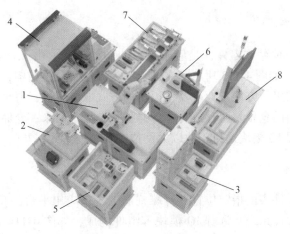

图 4-110　工作站整体结构

1—执行单元；2—工具单元；3—仓储单元；4—加工单元；
5—打磨单元；6—检测单元；7—分拣单元；8—总控单元

由工作台、工业机器人、平移滑台、快换模块法兰端、远程 IO 模块等组件构成，如图 4-111所示。工业机器人选用知名品牌的桌面级小型工业机器人，六自由度可使其在工作空间内自由活动，完成以不同姿态拾取零件或加工；平移滑台作为工业机器人扩展轴，扩大了工业机器人的可达工作空间，可以配合更多的功能单元完成复杂的工艺流程；平移滑台的运动参数信息，如速度、位置等，由工业机器人控制器通过现场 IO 信号传输给 PLC，从而控制伺服电机实现线性运动；快换模块法兰端安装在工业机器人末端法兰上，可与快换模块工具端匹配，实现工业机器人工具的自动更换；执行单元的流程控制信号由远程 IO 模块通过工业以太网与总控单元实现交互。

4.5.2.2　工具单元

工具单元用于存放不同功用的工具，是执行单元的附属单元，由工作台、工具架、工具、示教器支架等组件构成，如图 4-112 所示。工业机器人可通过程序控制到指定位置安装或释放工具；工具单元提供了 7 种不同类型的工具，每种工具均配置了快换模块工具端，可以与快换模块法兰端匹配。

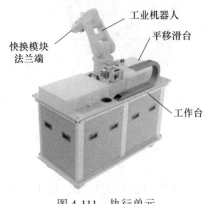

图 4-111　执行单元

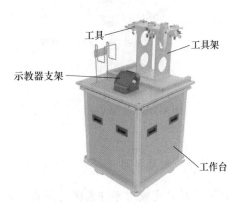

图 4-112　工具单元

4.5.2.3　仓储单元

仓储单元用于临时存放零件，是应用平台的功能单元，由工作台、立体仓库、远程 IO 模块等组件构成，如图 4-113 所示。立体仓库为双层六仓位结构，每个仓位可存放一个零件；仓位托板可推出，方便工业机器人以不用方式取放零件；每个仓位均设置有传感器和指示灯，可检测当前仓位是否存放有零件并将状态显示出来；仓储单元所有气缸动作和传感器信号均由远程 IO 模块通过工业以太网传输到总控单元。

4.5.2.4　加工单元

加工单元可对零件表面指定位置进行雕刻加工，是应用平台的功能单元，由工作台、数控机床、刀库、数控系统、远程 IO 模块等组件构成，如图 4-114 所示。数控机床为典型三轴铣床结构，采用轻量化设计，可实现小范围高精度加工，加工动作由数控系统控制；数控系统为西门子 SINUMERIK 828D 系统，可以实现最佳表面质量和高速、高精加工的和谐统一，并在此基础上，使数控系统的使用更加便捷，是面向中高档数控机床配套的数控产品。828D 系统集 CNC、PLC、操作界面以及轴控制功能于一体，支持车、铣两种工艺应用，基于 80 位浮点数的纳米计算精度充分保证了控制的精确性。828D 系统提供的图形编程既包括传统的 G 指令，也包括最新的指导性编程，用户可以根据指导一步步按自定义的步骤进行，简单、快捷。此外，它还支持多种编程方式，包括灵活的编程向导，高效的 "ShopMill/ShopTurn" 工步式编程和全套的工艺循环，可以满足从大批量生产到单个工件加工的编程需要，在显著缩短编程时间的同时确保最佳工件精度。刀库采用虚拟化设计，利用屏幕显示模拟换刀动作和当前刀具信息，刀库控制信号由数控系统提供，与真实刀库完全相同；数控系统选用工业及市场占有率高、使用范围广的高性能产品，保证与真实机床的完全一致性操作；加工单元的流程控制信号由远程 IO 模块通过工业以太网传输到总控单元。

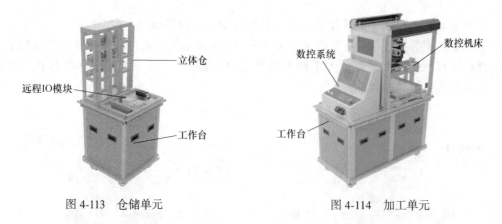

图 4-113　仓储单元　　　　　　　　图 4-114　加工单元

4.5.2.5　打磨单元

打磨单元是完成对零件表面打磨的工装治具，是应用平台的功能单元，由工作台、打磨工位、旋转工位、翻转工装、吹屑工位、防护罩、远程 IO 模块等组件构成，如图 4-115

所示。打磨工位可准确定位零件并稳定夹持，是实现打磨加工的主要工位；旋转工位可在准确固定零件的同时带动零件实现 180°沿其轴线旋转，方便切换打磨加工区域；翻转工装在无须执行单元的参与下，实现零件在打磨工位和旋转工位的转移，并完成零件的翻面；吹屑工位可以实现在零件完成打磨工序后吹除碎屑功能；打磨单元所有气缸动作和传感器信号均由远程 IO 模块通过工业以太网传输到总控单元。

4.5.2.6　检测单元

检测单元可根据不同需求完成对零件进行检测、识别功能，是应用平台的功能单元，由工作台、智能视觉、光源、结果显示器等组件构成，如图 4-116 所示。智能视觉可根据不同的程序设置，实现条码识别、形状匹配、颜色检测、尺寸测量等功能，操作过程和结果通过结果显示器显示；检测单元的程序选择、检测执行和结果输出通过工业以太网传输到执行单元的工业机器人，并由其将结果信息传递到总控单元从而决定后续工作流程。

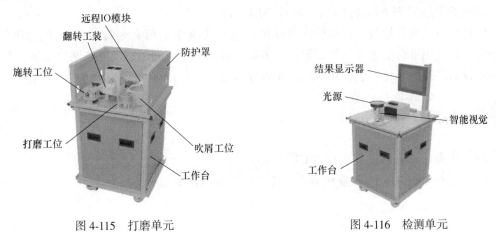

图 4-115　打磨单元　　　　　　　　图 4-116　检测单元

4.5.2.7　分拣单元

分拣单元可根据程序实现对不同零件的分拣动作，是应用平台的功能单元，由工作台、传输带、分拣机构、分拣工位、远程 IO 模块等组件构成，如图 4-117 所示。传输带可将放置到起始位的零件传输到分拣机构前；分拣机构根据程序要求在不同位置拦截传输带上的零件，并将其推入指定的分拣工位；分拣工位可通过定位机构实现对滑入零件准确定位，并设置有传感器检测当前工位是否存有零件；分拣单元共有三个分拣工位，每个工位可存放一个零件；分拣单元所有气缸动作和传感器信号均由远程 IO 模块通过工业以太网传输到总控单元。

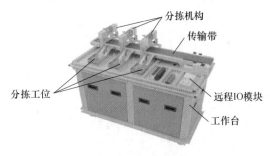

图 4-117　分拣单元

4.5.2.8　总控单元

总控单元是各单元程序执行和动作流程的总控制端，是应用平台的核心单元，由工作台、控制模块、操作面板、电源模块、气源模块、显示终端、移动终端等组件构成，如图 4-118 所示。控制模块由两个 PLC 和工业交换机构成，PLC 通过工业以太网与各单元控制器和远程 IO 模块实现信息交互，用户可根据需求自行编制程序实现流程功能；操作面板提供了电源开关、急停开关和自定义按钮；应用平台其他单元的电、气均由总控单元提供，通过所提供的线缆实现快速连接；显示终端用于 MES 系统的运行展示，可对应用平台

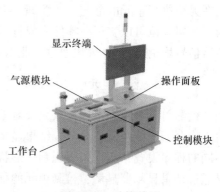

图 4-118　总控单元

实现信息监控、流程控制、订单管理等功能；移动终端中运行有远程监控程序，MES 系统会实时将应用平台信息传输到云数据服务器，移动终端可利用移动互联网对云数据服务器中的数据进行图形化、表格化显示，实现远程监控。

 练习题

（1）工业机器人系统集成技术有哪些特点？

（2）简述 CHL-DS-11 工业机器人系统集成工作站各单元及其功能。

项目 5 自动化生产线的调试

学习目标：

(1) 掌握各个单元通过 PLC 联网技术及其调试；

(2) 掌握典型自动化生产线设备的安装及调试；

(3) 掌握操作自动化生产线所需注意的安全事项。

任务 5.1 典型自动化生产线各单元的调试

对自动化生产线的调试，是在完成自动化生产设备硬件安装后，为了自动化生产设备能够按照设计，正常地完成设备自动化所需要的后期检测及调整。同时，自动生产线工作频繁，为了保证生产线正常使用，必须进行维护保养。

自动化生产线的安装主要包括整体调试和单元调试，单元调试中又可分为各个单元的调试。包括供料单元的调试、加工单元的调试、装配单元的调试、分拣单元的调试和搬运单元的调试。

5.1.1 供料单元的调试

5.1.1.1 机械部件调试

首先确定所有机械零部件按照装配工艺要求正确安装，其次进行功能性调试，具体调试要求见表 5-1。

表 5-1 机械部件调试

序号	检查对象	调试步骤	调 试 目 标
1	推料气缸	手动调节推料气缸或者挡料板位置	保证推料动作后，定位准确，避免位置不到位导致工件无法被夹住
2	位置传感器	调整后再固定气缸螺栓	
3	电磁传感器	固定电磁传感器位置	

5.1.1.2 电气调试

具体调试检查对象、调试详细步骤及调试要达到的效果见表 5-2。调试人员在调试过程中务必按照操作规范进行。

表 5-2 电气调试

序号	检查对象	调试步骤	调试目标
1	电气线路连接	按照 PLC 电气接线图检查接线。包括 PLC 电源连接,输入输出点连接	I/O 满足控制要求,保证线路导通,避免错接、漏接、虚接
2	推料气缸缸体的磁性定位开关	对于无法感应的磁性开关,先松开固定螺栓,沿着气缸轻轻滑动,达到正确感应的位置后旋紧固定螺栓	推出动作时,推料到位传感器动作时,信号为"1";缩回动作时,推料复位传感器动作时,信号为"1"
3	顶料气缸上的磁性开关	如果无法感应物料台物料,调试物料检测光电传感器,使其减少与物料间的间隙,增强信号	物料推出后,物料检测光电传感器检测到物料时,信号为"1";物料未推出,物料检测光电传感器未检测到物料时,信号为"0"
4	物料工件库下面的漫反射光电传感器 1	调整安装位置、角度;调整传感器上距离设定旋钮	可靠检测出工件库中工件是否充足,并提供信号
5	物料工件库下面的漫反射光电传感器 2	调整安装位置、角度;调整传感器上距离设定旋钮	可靠检测出工件库中有无工件并提供信号

根据输入输出分配来参看各个信号的情况,从而进行调试,见表 5-3。

表 5-3 供料单元 I/O 分配表

输入分配			输出分配	
端子	输入元件	作用	端子	输出元件
I0.0	光电传感器 1	物料不够检测	Q0.0	推料电磁阀
I0.1	光电传感器 2	物料有无检测		
I0.2	光电传感器 3	物料台物料检测		
I0.3	磁性传感器 1	推料到位检测		
I0.4	磁性传感器 2	推料复位检测		

5.1.1.3 气动系统调试

气动系统调试主要在于检查气动系统连接和气缸动作速度调试,旨在于实现每个单元所要实现的动作。具体调试检查对象、调试详细步骤及调试要达到的效果见表 5-4。

表 5-4 气动系统调试

序号	检查对象	调试步骤	调试目标
1	气动回路连接	按照气动控制回路图,检查气管连接	满足控制要求,保证气路通畅,避免错接、漏接、虚接
2	推料气缸缸体上的节流阀(两个)	调节螺钉,顺时针旋紧,逆时针旋松	控制气缸推出、复位速度,使得气缸动作平稳可靠

5.1.1.4 PLC 程序整体调试

将 PLC 安装在控制现场进行联机总调试,在调试过程中将暴露出系统中可能存在的传感器、执行器和硬接线等方面的问题，以及 PLC 的外部接线图和梯形图程序设计中的问题，应对出现的问题及时加以解决。如果调试达不到指标要求，则对相应硬件和软件部分做适当调整，通常只需要修改程序就可能达到调整的目的。全部调试通过后，经过一段时间的试运行，系统就可以投入实际的运行。

A　查接线

要逐点进行，要确保正确无误。可不带电核对，那就是查线，较麻烦。也可带电查，加上信号后，看电控系统的动作情况是否符合设计的目的。

B　检查模拟量输入输出

看输入输出模块是否正确，工作是否正常。必要时，还可用标准仪器检查输入输出的精度。

C　检查与测试指示灯

控制面板上如有指示灯，应先对指示灯的显示进行检查。一方面，查看灯坏了没有；另一方面，检查逻辑关系是否正确。指示灯是反映系统工作的一面镜子，先调好它，将对进一步调试提供方便。

D　检查手动动作及手动控制逻辑关系

完成了以上调试，继而可进行手动动作及手动控制逻辑关系调试。要查看各个手动控制的输出点，是否有相应的输出以及与输出对应的动作，然后再看各个手动控制是否能够实现。如有问题，立即解决。

E　半自动工作

如系统可自动工作，那先调半自动工作能否实现。调试时可一步步推进。直至完成整个控制周期。哪个步骤或环节出现问题，就着手解决哪个步骤或环节的问题。

F　自动工作

在完成半自动调试后，可进一步调试自动工作。要多观察几个工作循环，以确保系统能正确无误地连续工作。

以上调试的都是逻辑控制的项目。这是系统调试时首先要调通的。这些调试基本完成后，可着手调试模拟量、脉冲量控制。最主要的是选定合适控制参数。一般讲，这个过程是比较长的。要耐心调，参数也要做多种选择，再从中选出最优者。有的 PLC，它的 PID 参数可通过自整定获得。但这个自整定过程，也是需要相当的时间才能完成的。

G　异常情况检查

整个调试基本完成。再进行一些异常条件检查。看看出现异常情况或一些难以避免的非法操作，是否会停机保护或是报警提示。进行异常检查时，一定要充分考虑到设备与人身的安全。

5.1.2　加工单元的调试

5.1.2.1　机械部件调试

首先确定所有机械零部件按照装配工艺要求正确安装，其次进行功能性调试，具体调试要求见表 5-5。

表 5-5　机械部件调试

序号	检查对象	调试步骤	调试目标
1	滚珠丝杆	调节滚珠丝杠的安装位置，安装轴承，拧紧螺栓	保证滚珠丝杠旋转顺畅，保证丝杠轴线与龙门相垂直。缩回位置位于加工冲头正下方，伸出位置应与搬运单元的抓取机械臂配合
2	同步带	依次拧紧同步传送带两端的固定螺栓，安装步进电机及同步轮	皮带轮拉紧状态，工作过程平稳，不发生抖动，实现钻头的左右平稳移动
3	夹紧气缸	如果无法夹紧工件，调整夹紧气缸行程，调节夹紧压力	保证能够夹紧工件，在移动过程中不掉落
4	升降气缸	调整伸缩气缸	控制钻头升降

5.1.2.2　电气调试

具体调试检查对象、调试详细步骤及调试要达到的效果见表 5-6。调试人员在调试过程务必按照操作规范进行。

表 5-6　电气调试

序号	检查对象	调试步骤	调试目标
1	电气线路连接	按照 PLC 电气接线图检查接线。包括 PLC 电源连接，输入输出点连接	I/O 满足控制要求，保证线路导通，避免错接、漏接、虚接
2	加工台漫反射光电传感器	固定光电传感器，转动调节旋钮，调节感应距离	有物料进入时，传感器动作，信号为"1"，无物料进入，传感器信号为"0"
3	升降气缸上的磁性开关	松开磁性开关的紧定螺栓，让它沿着气缸缸体移动，到达指定位置后，再旋紧紧定螺栓	传感器动作时，输出信号"1"，输入 LED 灯亮起，传感器不动作时，输出信号"0"，输入 LED 灯不亮
4	直线导轨两端的极限开关	调整安装位置	可靠检测行程信号
5	滚珠丝杠两端的极限开关	调整安装位置	可靠检测行程信号

根据输入输出分配来参看各个信号的情况，从而进行调试，见表 5-7。

表 5-7　供料单元 I/O 分配表

输入分配			输出分配	
端子	输入元件	作用	端子	输出元件
I0.0	漫反射光电传感器	物料台物料检测	Q0.0	X 轴脉冲 PUL
I0.1	极限开关1	X 轴原点检测	Q0.1	Y 轴脉冲 PUL
I0.2	极限开关2	Y 轴原点检测	Q0.2	X 轴方向 DIR
I0.3	磁性开关1	加工台夹紧检测	Q0.3	Y 轴方向 DIR

输入分配			输出分配	
端子	输入元件	作用	端子	输出元件
I0.4	磁性开关 2	主轴上限检测	Q0.4	夹紧电磁阀
I0.5	磁性开关 3	主轴下限检测	Q0.5	主轴升降电磁阀
			Q0.6	主轴电机

5.1.2.3　气动系统调试

气动系统调试主要在于检查气动系统连接和气缸动作速度调试，目的是实现每个单元所要实现的动作。具体调试检查对象、调试详细步骤及调试要达到的效果见表 5-8。

表 5-8　气动系统调试

序号	检查对象	调试步骤	调试目标
1	气动回路连接	按照气动控制回路图，检查气管连接	满足控制要求，保证气路通畅，避免错接、漏接、虚接
2	升降气缸缸体上的节流阀（两个）	调节螺钉，顺时针旋紧，逆时针旋松	控制气缸推出、复位速度，使得气缸动作平稳可靠
3	夹紧气缸缸体上的节流阀（两个）	调节螺钉，顺时针旋紧，逆时针旋松	控制气缸推出、复位速度，使得气缸动作平稳可靠

5.1.2.4　PLC 程序整体调试

具体操作步骤请查看 5.1.1 小节。

5.1.3　装配单元的调试

5.1.3.1　机械部件调试

首先确定所有机械零部件按照装配工艺要求正确安装，其次进行功能性调试，具体调试要求见表 5-9。

表 5-9　机械调试

序号	检查对象	调试步骤	调试目标
1	三工位旋转工作台	调节平面轴承与工作台，安装轴承，保持平台水平	保证平台在 360°旋转过程中没有摇摆现象发生
2	冲压气缸	松开气缸的安装螺栓，达到装配工件的正下方，再旋紧固定螺栓	保证冲压到位，避免位置不对导致工件推偏
3	挡料气缸	调节气缸位置	保证能够挡住工件库中最下方的一块工件
4	顶料气缸	调节气缸位置	保证能够顶住工件库中最下方的倒数第二块工件

5.1.3.2　电气调试

具体调试检查对象、调试详细步骤及调试要达到的效果见表5-10。调试人员在调试过程务必按照操作规范进行。

表 5-10　电气调试

序号	检查对象	调试步骤	调试目标
1	电气线路连接	按照 PLC 电气接线图检查接线。包括 PLC 电源连接，输入输出点连接	I/O 满足控制要求，保证线路导通，避免错接、漏接、虚接
2	工件库物料不够（光电传感器 1）	固定光电传感器，转动调节旋钮，调节感应距离	有物料时，传感器动作，信号为"1"，无物料时，传感器信号为"0"
3	工件库物料有无（光电传感器 2）	固定光电传感器，转动调节旋钮，调节感应距离	有物料时，传感器动作，信号为"1"，无物料时，传感器信号为"0"
4	冲压气缸上限检测磁性开关	松开磁性开关的紧定螺栓，让它沿着气缸缸体移动，到达指定位置后，再旋紧定螺栓	冲压到位，传感器动作时，输出信号"1"，输入 LED 灯亮起；冲压缩回，传感器不动作时，输出信号"0"，输入 LED 灯不亮
5	冲压气缸下限检测磁性开关	松开磁性开关的紧定螺栓，让它沿着气缸缸体移动，到达指定位置后，再旋紧定螺栓	冲压到位，传感器动作时，输出信号"1"，输入 LED 灯亮起；冲压缩回，传感器不动作时，输出信号"0"，输入 LED 灯不亮
6	旋转平台入料区物料检测光电传感器	固定光电传感器，转动调节旋钮，调节感应距离	有物料进入时，传感器动作，信号为"1"，无物料时，传感器信号为"0"
7	旋转平台装配区物料检测漫反射光电传感器	固定光电传感器，转动调节旋钮，调节感应距离	有物料旋转到指定装配位时，传感器动作，信号为"1"，无物料时，传感器信号为"0"
8	冲压区检测漫反射光电传感器	固定光电传感器，转动调节旋钮，调节感应距离	
9	旋转台原点电感传感器	转动调节旋钮，调节感应距离	用于旋转平台旋转定位，每次旋转 120°

参看表 5-11 进行输入输出信号的参看，对供料单元进行调试。

表 5-11　供料单元 I/O 分配表

输入分配			输出分配	
端子	输入元件	作用	端子	输出元件
I0.0	电感传感器	旋转台原点检测	Q0.0	X 轴脉冲 PUL
I0.1	光电传感器	物料不够检测	Q0.1	Y 轴脉冲 PUL
I0.2	光电传感器	物料有无检测	Q0.2	X 轴方向 DIR
I0.3	光电传感器	入料区物料检测	Q0.3	Y 轴方向 DIR
I0.4	光电传感器	装配区物料检测	Q0.4	夹紧电磁阀
I0.5	光电传感器	冲压区物料检测	Q0.5	主轴升降电磁阀

输入分配			输出分配	
端子	输入元件	作用	端子	输出元件
I0.6	磁性传感器	顶料到位检测	Q0.6	主轴电机
I0.7	磁性传感器	顶料复位检测		
I1.0	磁性传感器	挡料状态检测		
I1.1	磁性传感器	落料状态检测		
I1.2	磁性传感器	冲压上限检测		
I1.3	磁性传感器	冲压下限检测		

5.1.3.3　气动系统调试

气动系统调试主要在于检查气动系统连接和气缸动作速度调试，目的是实现每个单元所要实现的动作。具体调试检查对象、调试详细步骤及调试要达到的效果见表 5-12。

表 5-12　气动系统调试

序号	检查对象	调试步骤	调试目标
1	气动回路连接	按照气动控制回路图，检查气管连接	满足控制要求，保证气路通畅，避免错接、漏接、虚接
2	升降气缸缸体上的节流阀（两个）	调节螺钉，顺时针旋紧，逆时针旋松	控制气缸推出、复位速度，使得气缸动作平稳可靠
3	夹紧气缸缸体上的节流阀（两个）	调节螺钉，顺时针旋紧，逆时针旋松	控制气缸推出、复位速度，使得气缸动作平稳可靠

5.1.3.4　PLC 程序整体调试

具体操作步骤请查看 5.1.1 小节。

5.1.4　分拣单元的调试

5.1.4.1　机械部件调试

首先确定所有机械零部件按照装配工艺要求正确安装，其次进行功能性调试，具体调试要求见表 5-13 所示。

表 5-13　机械部件调试

序号	检查对象	调试步骤	调试目标
1	物料槽	松开安装螺栓，沿皮带架边沿滑动，到合适位置后，旋紧固定螺栓	保证物料槽入口处于传送皮带中部，并且紧贴皮带边缘
2	旋转气缸	松开气缸的安装螺栓，沿轨道滑动到第二料槽，再旋紧固定螺栓	旋转气缸旋转后，保证能够将物料（工件）带入第二料槽

序号	检查对象	调试步骤	调试目标
3	推料气缸	松开气缸的安装螺栓，调节气缸位置，沿轨道滑动到第一料槽，再旋紧固定螺栓	保证能够将物料（工件）推入第一料槽
4	皮带轮	松开侧面安装螺栓，将皮带用力拉紧后，旋紧固定螺栓，后再在端部旋转两个调节螺栓，将皮带拉紧	保证皮带在传送过程中保持平稳，无杂音。不会发生打滑
5	电机	松开安装螺栓，移动电机架对准皮带端部位置后，旋紧固定螺栓	保证电机旋转轴和皮带主动轮轴在同一水平线上，传送过程中保持平稳，无杂音

5.1.4.2　电气调试

具体调试检查对象、调试详细步骤及调试要达到的效果见表 5-14。调试人员在调试过程务必按照操作规范进行。

表 5-14　电气调试

序号	检查对象	调试步骤	调试目标
1	电气线路连接	按照 PLC 电气接线图检查接线。包括 PLC 电源连接，输入输出点连接	I/O 满足控制要求，保证线路导通，避免错接、漏接、虚接
2	推料气缸缸体的磁性定位开关	对于无法感应的磁性开关，先松开固定螺栓，沿着气缸轻轻滑动，达到正确感应的位置后旋紧固定螺栓	推出动作时，推料到位传感器，信号为"1"；缩回动作时，推料复位传感器信号为"1"
3	旋转气缸上的磁性开关	对于无法感应的磁性开关，先松开固定螺栓，沿着气缸轻轻滑动，达到正确感应的位置后旋紧固定螺栓	旋转动作时，旋转到位传感器信号为"1"；缩回动作时，复位传感器信号为"1"
4	入料光电传感器	调整安装位置、角度；调整传感器上距离设定旋钮	可靠检测出物料（工件）是否进入传送带，并提供信号
5	对射光电传感器	调整安装位置、角度；调整对射传感器的安装角度	当对射光被切断时，可被检测出，并提供信号，物料通过时，信号为"1"，无物料通过时，传感器信号为"0"

参考供料单元输入输出分配来进行调试，具体见表 5-15。

表 5-15　供料单元 I/O 分配表

输入分配			输出分配	
端子	输入元件	作用	端子	输出元件
I0.0	光电传感器	入料口检测	Q0.0	推料电磁阀

续表 5-15

输入分配			输出分配	
端子	输入元件	作用	端子	输出元件
I0.1	光纤传感器 1	白色物料检测	Q0.1	旋转电磁阀
I0.2	光纤传感器 2	黑色物料检测	Q0.4	皮带轮
I0.3	光电传感器	入库检测		
I0.4	磁性传感器	推料到位检测		
I0.5	磁性传感器	旋转到位检测		
I0.6	磁性传感器	旋转复位检测		

5.1.4.3　气动系统调试

气动系统调试主要在于检查气动系统连接和气缸动作速度调试，目的是实现每个单元所要实现的动作。具体调试检查对象、调试详细步骤及调试要达到的效果见表 5-16。

表 5-16　气动系统调试

序号	检查对象	调试步骤	调试目标
1	气动回路连接	按照气动控制回路图，检查气管连接	满足控制要求，保证气路通畅，避免错接、漏接、虚接
2	推料气缸缸体上的节流阀（两个）	调节螺钉，顺时针旋紧，逆时针旋松	控制气缸推出、复位速度，使得气缸动作平稳可靠
3	旋转气缸缸体上的节流阀（两个）	调节螺钉，顺时针旋紧，逆时针旋松	控制气缸推出、复位速度，使得气缸动作平稳可靠

5.1.4.4　PLC 程序整体调试

具体操作步骤请查看 5.1.1 小节。

5.1.5　搬运单元的调试

5.1.5.1　机械部件调试

首先确定所有机械零部件按照装配工艺要求正确安装，其次进行功能性调试，具体调试要求见表 5-17。

表 5-17　机械部件调试

序号	检查对象	调试步骤	调试目标
1	气爪	拧紧螺栓前，先装入两边的电磁传感器。拧紧螺栓过程注意力度	保证气爪对称安装，气爪合拢时不发生错位
2	气动手指	依次拧紧两端的固定螺栓，安装过程保持气动手指水平	保证能够控制气爪夹紧物料，工作过程不发生打滑

续表5-17

序号	检查对象	调试步骤	调试目标
3	带导杆气缸	依次拧紧上端的固定螺栓，安装过程保持气缸水平	保证能够夹紧工件，在移动过程中不掉落
4	旋转气缸	依次拧紧上端的固定螺栓，安装过程保持气缸水平	保证旋转时能够夹住物料，回复位置后能将物料放入分拣单元皮带
5	升降气缸	调整伸缩气缸	控制气爪升降
6	滑板	依次拧紧上端的固定螺栓，安装过程保持气缸水平	保证搬运单元能够在直线导轨上平滑移动
7	同步带	依次拧紧同步传送带两端的固定螺栓，安装步进电机及同步轮	皮带轮拉紧状态，工作过程平稳，不发生抖动，实现钻头的左右平稳移动

5.1.5.2 电气调试

具体调试检查对象、调试详细步骤及调试要达到的效果见表5-18。调试人员在调试过程务必按照操作规范进行。

表5-18 电气调试

序号	检查对象	调试步骤	调试目标
1	电气线路连接	按照PLC电气接线图检查接线。包括PLC电源连接，输入输出点连接	I/O满足控制要求，保证线路导通，避免错接、漏接、虚接
2	原点开关	松开开关的紧定螺栓，让它沿气爪移动轨迹移动，到达指定位置后，再旋紧紧定螺栓	保证能够检测到气爪移动到位的信号，以此作为气爪移动的原点位
3	直线导轨两端的极限开关	松开开关的紧定螺栓，让它沿气爪移动轨迹移动，到达指定位置后，再旋紧紧定螺栓	保证能够检测到气爪移动到位的信号，以此作为气爪移动的极限位

5.1.5.3 气动系统调试

气动系统调试主要在于检查气动系统连接和气缸动作速度调试，目的是实现每个单元所要实现的动作。具体调试检查对象、调试详细步骤及调试要达到的效果见表5-19。

表5-19 气动系统调试

序号	检查对象	调试步骤	调试目标
1	气动回路连接	按照气动控制回路图，检查气管连接	满足控制要求，保证气路通畅，避免错接、漏接、虚接
2	伸缩气缸缸体上的节流阀（两个）	调节螺钉，顺时针旋紧，逆时针旋松	控制气缸伸出、缩回速度，使得气缸动作平稳可靠

序号	检查对象	调试步骤	调试目标
3	升降气缸缸体上的节流阀（两个）	调节螺钉，顺时针旋紧，逆时针旋松	控制提升台提升速度，使得气缸动作平稳可靠
4	夹紧气缸缸体上的节流阀（两个）	调节螺钉，顺时针旋紧，逆时针旋松	控制气缸推出、复位速度，使得气缸动作平稳可靠

5.1.5.4　PLC 程序整体调试

具体操作步骤请查看 5.1.1 小节。

任务 5.2　自动化生产线总体调试操作

5.2.1　安全须知及模块组成

5.2.1.1　安全须知

（1）在进行安装、接线等操作时，请务必在切断电源后进行，以避免发生事故。

（2）在进行配线时，请勿将配线屑或导电物落入可编程控制器或变频器内。

（3）请勿将异常电压接入 PLC 或变频器电源输入端，以避免损坏 PLC 或变频器。

（4）请勿将 AC 电源接于 PLC 或变频器输入/输出端子上，以避免烧坏 PLC 或变频器，请仔细检查接线是否有误。变频器使用时应注意：

1）在变频器输出端子（U、V、W）处不要连接交流电源，以避免受伤及火灾，请仔细检查接线是否有误；

2）伺服关闭电源至少 15min 后才能进行配线或检查，否则可能导致触电；

3）当变频器通电或正在运行时，请勿打开变频器前盖板，否则危险；

4）在插拔通信电缆时，请务必确认 PLC 输入电源处于断开状态。

5.2.1.2　实训模块

自动化生产线实训模块共有 5 个电气连接模块，如图 5-1 所示。

（1）电源模块。三相四线 380V 交流电源经三相电源总开关后给系统供电，设有保险丝，具有漏电和短路保护功能，提供两组单相双联暗插座，可以给外部设备、模块供电，并提供单、三相交流电源，同时配有安全连接导线。

（2）按钮模块。提供红、黄、绿三种指示灯（DC 24V），复位、自锁按钮，急停开关，转换开关，蜂鸣器。提供 24V/6A、12V/5A 直流电源，为外部设备提供直流电源。

（3）变频器模块。西门子系统采用 MM420 系列高性能变频器，三相交流 380V 电源供电，输出功率 0.75kW。具有八段速控制制动功能、再试功能以及根据外部 SW 调整频率增件和记忆功能。具备电流控制保护、跳闸（停止）保护、防止过电流失控保护、防止过电压失控保护。

（4）PLC 模块。采用 CPU226（DC/DC/DC）主机，内置数字量 I/O（24 路数字量输入/16 路数字量输出），具有 2 轴脉冲输出功能。每个 PLC 的输入端均设有输入开关，PLC 的输入/输出接口均已连接到面板上，方便用户使用。

（5）步进电机驱动器模块。采用工业级步进电机驱动器，直流 24V 供电，安全可靠，且脉冲信号端、方向控制端、紧急制动端、电机输出端等均已引致面板上，开放式设计，符合实训安装要求。

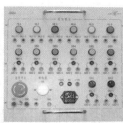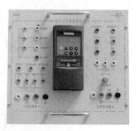

图 5-1　自动生产线实训模块

5.2.2　网络控制方案

THJDAL-2 系统的控制方式采用每一个工作站由一台 PLC 承担控制任务，各 PLC 之间通过 RS485 串行通信实现互联的分布式控制方式。

5.2.2.1　PPI 通信概述

PPI 协议是 S7-200 系列 PLC 中常用的一种通信协议，它采用主站—从站的通信方式进行通信。本节将主要介绍如何实现 PLC 间的 PPI 通信。

5.2.2.2　PPI 通信实现步骤

对需要加入网络的每一台 PLC，都设置其通信端口参数。选择 PORT0 或 PORT1（只选其一）作为通信端口，对其进行设置，对每一个 PLC 设定其地址（站号）和波特率。设置后把系统块下载到 PLC 中。详细操作如下：

运行个人电脑上的 STEP7 V4.0 程序，打开设置端口界面，如图 5-2 所示。利用 PC/PPI 编程电缆把输送站 PLC 系统块里端口 0 的 PLC 地址设置为 1，波特率设置为 9.6kbps，如图 5-3 所示。同样方法设定供料站 PLC 端口 0 的 PLC 地址设置为 2，波特率为 9.6kbps；加工站 PLC 端口 0 的 PLC 地址设置为 3，波特率为 9.6kbps；装配站 PLC 端口 0 的 PLC 地址设置为 4，波特率为 9.6kbps；分拣站 PLC 端口 0 的 PLC 地址设置为 5，波特率为 9.6kbps。

图 5-2　编程界面

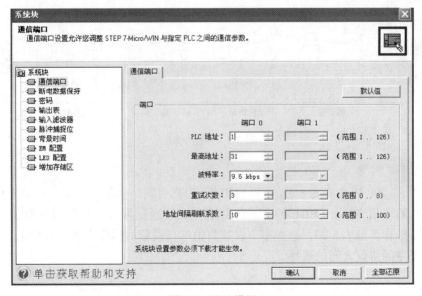

图 5-3　地址设置

A　通信

用专用网线连接各站 PLC 的端口 0，用 PC/PPI 编程电缆连接网络连接器的编程口，将主站的运行开关拨到 STOP 状态。利用 SETP7 V4.0 软件搜索网络中的 5 个站，如图 5-4 所示。如果能全部搜索到表明网络连接正常。

B　网络结构图

通过串口线连接各个站，一个主站，多个从站。网络结构如图 5-5 所示。

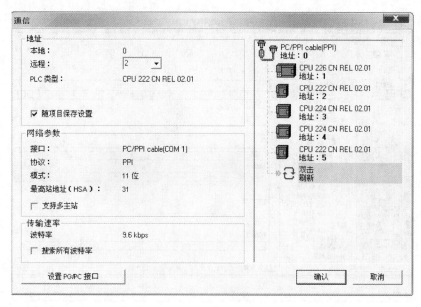

图 5-4 通信连接

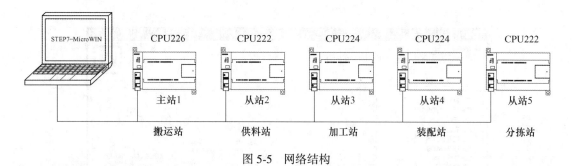

图 5-5 网络结构

C 通信口设置

西门子 S7-200 PLC 中的 SMB30 和 SMB130 为自由端口控制寄存器。其中 SMB30 控制自由端口 0 的通信方式，SMB130 控制自由端口 1 的通信方式。可以对 SMB30、SMB130 进行读、写操作，见表 5-20，这些字节设置自由端口通信的操作方式，并提供自由端口或者系统所支持的协议之间的选择。

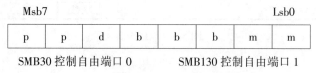

Msb7							Lsb0
p	p	d	b	b	b	m	m

SMB30 控制自由端口 0　　　　SMB130 控制自由端口 1

表 5-20 自由端口控制寄存器的设置

p p	校验选择	00=不校验；01=偶校验；10=不校验；11=奇校验
d	字符数据	0=每个字符 8 位；1=每个字符 7 位
b b b	通信速率	000=38400bps；001=19200bps；010=9600bps；011=4800bps；100=2400bps；101=1200bps；110=115.2kbps；111=57.6kbps；
m m	协议选择	00=PPI/从站模式；01=自由口模式；10=PPI/主站模式；11=保留

　　此段程序是将 PLC 的自由端口 0 的通信方式设置为"PPI/主站模式"。图 5-6 为通信口设置。

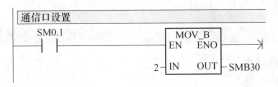

图 5-6　通信口设置

D　网络读写指令使用

　　网络读写指令 NETR/NETW，用于西门子 S7-200 PPI 网络中的各 CPU 之间通信。网络读写指令只能由在网络中充当 PPI 主站的 CPU 执行，从站 CPU 不必专门编写通信程序，只需将与主站通信的数据放入数据缓冲区即可；此种通信方式中的主站 CPU 可以对 PPI 网络中其他任何从站 CPU 进行网络读写操作。

　　（1）NETR 指令：网络"读"指令，用于主站 CPU 通过指定的通信口从其他从站 CPU 中指定的数据区读取以字节为单位的数据，存入本站 CPU 中指定地址的数据区中；读取的最大数据量为 16 个字节。

　　（2）NETW 指令：网络"写"指令，用于主站 CPU 通过指定的通信口将本站 CPU 指定地址的数据区中的以字节为单位的数据写入其他从站 CPU 中指定的数据区中；写入的最大数据量为 16 个字节。

E　利用指令向导完成网络配置

　　根据上述指令，即可完成主站的网络读写程序。借助网络读写向导更加方便。具体步骤如下：

　　（1）在 STEP7 V4.0 软件命令菜单中选择←工具→指令向导，并在指令向导窗口中选择 NETR/NETW，单击"下一步"后，就会出现 NETR/NETW 指令向导界面，设置网络读写数为 8，如图 5-7 所示。

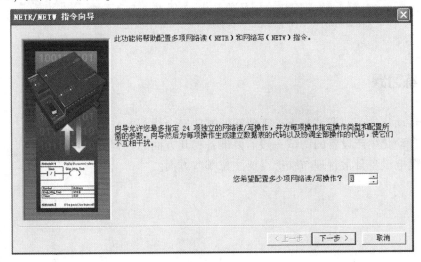

图 5-7　设置向导

（2）单击"下一步"，填写对加工站（2 号站）读操作的参数，如图 5-8 所示。单击"下一项操作"，填写其他站参数，如此类推，直到第 4 项，完成对分拣站（5 号站）读操作参数的填写；再单击"下一项操作"，完成写操作的参数填写。

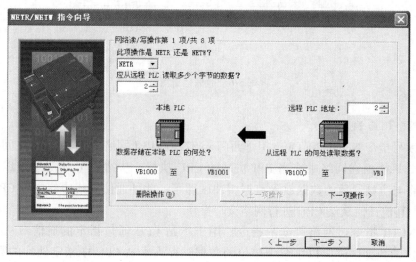

图 5-8 设置向导参数

（3）单击"下一步"直至配置完成。

（4）在主程序中调用子程序"NET_EXE"，如图 5-9 所示。

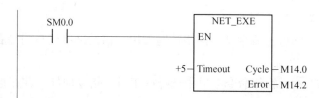

图 5-9 子程序"NET_EXE"

（Timeout：设定通信超时时限，1~32767s，若等于 0，则不计时；Cycle：输出开关量，所有网络读/写操作每完成一次切换状态；Error：发生错误时报警。）

 练习题

（1）自动化生产线调试与维护需要按照哪些安全规范？

（2）自动化生产设备的调试一般需要准备哪几方面的数据材料？

（3）机电设备日常管理与维护需要注意哪些方面？

参 考 文 献

［1］梁亮，梁玉文，宋宇．自动化生产线安装与调试［M］．北京：北京理工大学出版社，2016.

［2］廖常初．PLC 编程及应用［M］．北京：机械工业出版社，2011.

［3］陈瑞阳，席巍，宋柏青．西门子工业自动化项目设计实践［M］．北京：机械工业出版社，2011.

［4］李方园．西门子 S7-200 PLC 从入门到实践［M］．北京：电子工业出版社，2010.

［5］赵春生．可编程序控制器应用技术［M］．北京：人民邮电出版社，2016.